자전거로
멀리가고
싶다

자전거로 멀리가고 싶다

• 요네즈 가즈노리 지음 | 신영희 옮김 •

미지북스

차례

자전거로 멀리 가고 싶다

이 책을 펼쳐든 당신에게 묻겠다. 자전거로 갈 수 있는 '멀리'란 어느 정도의 거리를 말하는 것일까? 당신이 보통의 흔한 자전거밖에 타보지 못했다면 아마도 20~30킬로미터쯤이라고 답할 것이다. "요즘 운동 부족이니, 좋은 자전거를 사서 좀 더 멀리 나가볼까?"라고 생각하는 사람이라면 50킬로미터 정도라고 대답할 수도 있겠다. 학창 시절부터 40대가 된 지금까지 스포츠와는 인연이 없는 삶을 살아온 나의 경우도 마찬가지여서, 자전거는 고작해야 10킬로미터 안팎을 이동하기 위한 탈것에 지나지 않았다.

그러나 이제부터 내가 이 책을 통해 이야기하려는 것은 세 자릿수의 거리, 즉 100킬로미터 이상의 세계다.

"그렇게 먼 거리는 도저히 무리야"라고 고개를 가로저을지도 모르겠다. 하지만 당신이 로드바이크를 가지고 있다면 50킬로미터쯤은 가뿐히 달릴 수 있는 거리라는 사실을, 그리고 100킬로미터도 손만 뻗으면 닿을 수 있는 거리라는 사실을 깨닫게 되리라. 그리고 머지않아 200킬로미터, 300킬로미터를 달리는 일도 결코 불가능하지 않다는 것을 알게 될 것이다.

지금은 믿기지 않겠지만, 마음만 먹으면 도쿄 근처에 사는 사람이 하루에 왕복 200킬로미터를 달려 히가시이즈에서 가이센돈*을 먹고 집으로 돌아오거나, 편도 300킬로미터를 달려 동해(일본해)에서 석양을 바라보는 일도 충분히 가능하다. 그리고 이 거리를 달리며 마주치는 세상은 엔진으로 움직이는 자동차에서 바라보던 것과는 전혀 다른 느낌으로 다가올 것이다. 다다른 목적지에서 눈앞에 펼쳐질 풍경 또한 완연히 다를 것이다. 로드바이크란, 이러한 선물을 안겨주는 물건이다.

가이센돈 생선회를 비롯한 해산물을 얹은 일본식 덮밥.

로드바이크를 만나고 나서 나의 생활은 크게 달라졌다. 이제껏 한 번도 보지 못했던 풍경들을 많이 만났다. 달려본 적 없던 길을 수없이 오갔다. '동지'들도 많이 얻었다. 몸매에도 꽤 큰 변화가 있었다. 무엇보다, 내 마음 깊은 곳에 있는 무엇인가가 크게 변했다. "다시 태어났다"고 말해도 좋을 것 같다.

이러한 경험들을 보다 많은 사람들과 나누고 싶어서 펜을 들게 된 것이다. 장거리 라이딩에 관심이 있는 사람들은 물론이고, "요즈음 왠지 모르게 정체되어 있다"고 느끼는 사람들이 이 책을 읽어주었으면 좋겠다.

자전거로 멀리 가고 싶다. '멀리'란 단지 물리적인 거리만을 가리키지는 않는다. 로드바이크는 당신의 마음까지도 '멀리' 이끌어줄 테니까.

제1장

자전거로 달리는 즐거움

누구나 멀리 달릴 수 있다

요즘은 '친환경', '에코', '로하스' 같은 키워드들로 자전거를 이야기하는 분위기지만, 분명히 말해두고 싶다. 이제부터 내가 하려는 이야기는 이러한 것들과는 전혀 관계가 없다.

자전거를 타는 데 즐거움 외에 다른 이유가 필요할까? 그밖에는 모두 부가적인 것들이거나 달린 후의 결과물일 뿐이다. "환경을 위해 자동차를 포기하고 자전거를 탑시다"라고 아무리 이야기해봐야 사람의 마음은 쉽게 바뀌지 않는다. 진정으로 다른 사람에게 자전거를 권하고 싶다면, 자전거의 즐거움을 알려주면 된다. 사람은 즐겁지 않은 일을 오래 하지 못하는 법이다. 나 역시 그저 즐겁기 때문에 자전거를 탄다. 그 결과 이제는 자동차를 타기가 싫어졌고, 체중이 10킬로그램이

투르 드 오키나와의 '85킬로미터 시민 레이스'에 참가한 필자. 아저씨 라이더의 장한 모습이다.

나 빠졌으며, '무엇인가'를 되찾았다.

여기서 잠깐, 내 소개를 하고 넘어가야겠다.

나는 자전거를 좋아하는 40대 남자다. 이 책이 일본에서 출판된 2008년에 로드바이크를 탄 지 5년째가 되었다. 멀리 떨어진 대륙을 자전거로 횡단했다거나 레이스에 참가해 훌륭한 성적을 거둔 적은 없다. 딱히 어떤 종류의 스포츠에 몰두해본 적도 없다. 한때 스키를 조금 탔던 정도. 그리고 40대에 들어 로드바이크의 매력에 푹 빠졌고, 기분 내키는 대로 이곳저곳을 달렸을 따름이다.

자전거 도로나 언덕길에서 나를 만난다면 자전거를 웬만큼 능숙하게 타는 사람이라고 생각할 수도 있겠지만, 어디까지나 자전거를 좋아하는 아저씨에 지나지 않는다. 그래서 솔직히 말하자면 자전거에 대한 전문적인 지식을 늘어놓는 것은 내 수준을 넘어서는 일이다. 그러한 일은 이 분야의 프로나 베테랑들에게 맡겨야 한다고 생각한다.

내가 쓸 수 있고, 쓰고 싶은 것은 로드바

이크로 달리는 즐거움, 그리고 자전거로 멀리 갈 때의 즐거움이다. "자전거로 멀리 간다"는 것은 더없이 즐거운 일이다. 이것을 글로 멋지게 설명하기는 꽤 어렵겠지만, 이 책을 통해 어떻게든 독자들에게 알려주고 싶다. 처음 타기 시작했던 무렵에는 주변에 자전거를 타는 사람이 거의 없었기 때문에 이러저러한 시행착오를 겪으면서 장거리 라이딩을 연구해야 했다. 이때 얻은 경험들도 책에 담아볼 생각이다. 이 책을 읽는 당신이 장거리 라이딩을 시작할 때 조금이나마 도움이 되었으면 좋겠다.

자전거를 타는 즐거움 중에서도 가장 즐거운 것, 내가 흠뻑 빠져 있는 것은 로드바이크로 멀리까지 달리는 일, 즉 장거리 라이딩이다.

자전거를 소재로 한 일본 소설 『자전거 소년기自転車少年記』(다케우치 마코토 지음)에는 아래와 같은 구절이 있다.

"300킬로미터나 되는 거리를 달린다는 소리를 들으면 보통은 경원시하기 마련이다. 하지만 자전거를 좋아하는 사람이라면 이야기가 달라진다. 로드바이크에 익숙해지면 수십 킬로미터의 거리를 아무렇지 않게 달릴 수 있고, '장거리의 벽'을 일단 한 번 뛰어넘은 뒤에는 코스가 길면 길수록 오히려 그 거리가 매력적으로 다가온다."

『자전거 소년기』에서 이 구절을 처음 발견했을 때, 나는 몇 번이나 되풀이해서 읽고 또 읽었다. 장거리 라이딩의 매력을 이만큼 간결하게 표현한 문장은 좀처럼 찾기 어렵기 때문이다.

최근 들어 점점 더 많은 사람들이 장거리 라이딩에 매료되고 있는 이유도, 사실은 이러한 장거리의 벽 때문이다. 장거리의 벽이라는 것은 두 가지로 나뉜다. 하나는 "이제 더 이상은 달릴 수 없다"는 체력 한계의 벽이다. 그리고 다른 하나는 "그 정도의 거리는 결코 달릴 수 없을 거야"라고 느끼는 심리적인 벽이다.

그런데 두 개의 벽 사이의 거리는 당신이 상상하는 것보다 훨씬 멀다. 체력 한계의 벽보다는 심리적인 벽이 훨씬 앞쪽에 놓여 있다. 로드바이크는 모든 사람들을 이러한 심리적인 벽 너머로 가뿐히 데리고 가준다.

막연히 가지고 있던 자신의 한계에 대한 부정적인 이미지들을 조금씩 극복해가면서, 나는 서서히 자전거에 빠져들었다. "결코 달릴 수 없을 거야"라고 생각했던 거리를 완주해냈을 때 찾아오는 놀라움과 감동은 장거리 라이딩의 매력에 사로잡히는 신호탄이다. 이러한 감동은 두 번째 벽인 체력 한계의 벽에 다다를 때까지 계속해서 이어진다. 그런데 체력 한계의 벽은 스스로 생각하는 것보다는 훨씬 먼 곳에 자리 잡고 있다.

그렇다. 로드바이크를 탄다면 누구나 자신의 생각보다 훨씬 먼 곳까지 달릴 수 있는 것이다.

열쇠는 로드바이크

장거리 라이딩에 빠져들면서, 나는 엄청나게 변했다. 자동차나 지하철 같은 교통수단을 통해서만 갈 수 있다고 생각했던 장소들도, 자전거 페달을 열심히 밟으면 나 자신의 힘만으로 도달할 수 있다는 것을 깨달았다. 이제껏 한 번도 달려본 적 없는 길이 너무나 많다는 것도 알게

| 도쿄~이토이가와 패스트 런 코스의 치노 부근.

되었다. 그리고 무엇보다 나 같은 사람조차도 이렇게 멀리까지 달릴 수 있다는 사실에 놀랐다. 물론 그러한 놀라움이 심리적인 벽을 뛰어넘은 데서 비롯되었다는 것을 알아채기까지는 꽤 오랜 시간이 걸렸다.

　　중년이라고 불리는 나이에 접어들면서, 체력적으로든 정신적으로든 모든 면에서 정체되어 있는 것 같은 기분이 들었다. 하지만 쉬지 않고 페달을 밟으며 조금씩 앞으로 나아갈 때의 "좀 더 달릴 수 있다"

는 느낌이 새로운 용기를 불어넣어주었다.

이제는 300킬로미터 정도의 거리라면 우선 자전거로 갈 수 있을지부터 따져보곤 한다. 보통 사람들에게는 상식적인 수준을 벗어난 행동으로 여겨질 수도 있고, 심지어 로드바이크를 타는 사람에게도 '거리 감각을 잃어버린 사람' 취급을 받을 수 있다. 하지만 내 주변에는 나보다 훨씬 더 어처구니없는 수준의 거리 감각을 갖고 있는 사람들이 우글거린다. 로드바이크를 타고 여러 번 장거리 라이딩을 하다 보니 다리 힘이 늘고 스킬도 제법 몸에 배었다. 그 덕분에 300킬로미터 정도라면 자전거로 충분히 갈 수 있고 또 가고 싶다고 생각하는 것이다.

그런데 거리 감각의 본질은 물리적인 것과는 조금 다르다. 나는 장거리를 달리면서 나 자신의 가능성을 다시 발견했다. 다시 말해 자전거로 멀리 가는 경험을 통해서, "그런 일은 무리야"라고 처음부터 포기해버렸던 일들에 대한 마음속의 빗장을 열게 되었다는 것이다. 이것은 딱히 자전거로 달리는 것에만 해당되지는 않았다. 내 마음속에 걸려 있던 온갖 종류의 빗장들을 풀어버릴 계기가 되었기 때문이다.

그 빗장의 열쇠는 로드바이크였다.

드롭 핸들의 DNA

로드바이크는 인간과 기계 사이에 존재하는 가장 행복한 타협점이다. 인간이 만들어낸 탈것 중에서 가장 에너지 효율이 좋은 것이 자전거라고 한다. 그리고 그 중에서도 제일 효율이 뛰어난 것, 다시 말해 가장 빨리 그리고 멀리 달릴 수 있는 자전거가 바로 로드바이크다.

로드바이크에는 빨리 달리기 위한 부품 이외에는 쓸모없는 것이 하나도 달려 있지 않다. 심지어 이 탈것에는 엔진도 없다. 로드바이크의 '엔진'은 바로 인간 자신이기 때문이다. 그러므로 이 탈것은 두 발로 페달을 밟지 않으면 1밀리미터도 움직이지 않는다. 하지만 일단 달리기 시작하면 인간이라는 엔진의 능력을 최대한 효율적으로 활용한다.

"로드바이크란 무엇인가?"에 대해 새삼스

럽지만 나름의 정의를 내려보자면, "인간의 힘만으로 인간을 가장 멀리 그리고 가장 빠르게 이동시키는 기계"라고 할 수 있을 것이다. 로드바이크는 심플한 도구가 갖출 수 있는 가장 궁극적인 형태이기 때문에 타면 탈수록 신체의 감각에 더욱 가까워진다. 흔히 '손발처럼' 혹은 '신체의 일부처럼' 같은 표현을 쓰는데, 정말 딱 그러한 느낌이다.

로드바이크 전문점, 즉 사이클 샵은 어느 곳이든 주말만 되면 사람들로 크게 북적인다. 내가 즐겨 찾는 사이클 샵인 나루시마 프렌드(도쿄에서 가장 많은 로드바이크를 판매하는 곳으로, 로드바이크를 타는 사람들 사이에서 '성지聖地'로 불린다)에서 들은 바로는, 30대 중반에서 40대에 이르는 손님들이 꽤 늘어났는데 "장거리 라이딩에 도전해보고 싶어서" 구입하는 경우가 압도적이라고 한다. 내가 5년째 참가하고 있는 장거리 라이딩 이벤트의 참가자 수도 지난 5년간 두 배로 늘었다. 일반 도로나 자전거 도로를 달리다 보면 "로드바이크 인구가 상당히 늘어났구나" 하고 실감하게 된다. 여러 잡지들도 로드바이크나 장거리 라이딩을 다룬 특집을 기획하거나 별책 부록으로 발행하고 있다. '붐'이라는 단어를 쓰는 것을 그다지 좋아하지는 않지만, 이쯤 되면 솔직히 붐이라고 해도 무방할 것 같다.

자전거 타는 법을 모르는 사람은 거의 없다. 누구나 자신의 로드바이크를 그저 좋을 대로 타면 되는 것이고, 이것만으로 제법 스포츠를 즐기고 있는 듯한 기분을 느낄 수도 있을 것이다. 처음에는 이 정도만 해도 전혀 부족할 것이 없다. 하지만 로드바이크는 '그저 좋을 대로'만으로 끝내버리기에는 너무나 많은 즐거움과 가능성을 지니고 있다.

시작하는 나이도 아무런 상관이 없다. 로드바이크를 타는 데에는 이른 나이도 늦은 나이도 없다. 하지만 개인적인 바람으로는, 40대가 넘은 사람들이 꼭 로드바이크를 탔으면 좋겠다.

나도 그렇지만, 지금 30대 후반에서 40대에 이른 일본 사람들은 어린 시절 거대한 자전거 붐을 경험했던 세대다. 1970년대의 '소년 자전거' 붐 말이다.

그 무렵에는 어린 사내아이들이 생일이나 크리스마스에 받고 싶어 하는 선물 가운데 1위가 바로 자전거였다. 자전거는 소년들의 보물이었던 것이다. 게다가 이 세대의 기억 속에는 (썩 대단한 것은 아니지만) '드롭 핸들의 DNA'가 새겨져 있다.

로드바이크 타기를 망설이는 사람들에게 그 이유를 물어보면 "경륜 선수가 쓰는 것 같은 핸들 때문"이라는 대답이 돌아온다. 실제로 MTB(산악용 자전거)가 붐을 일으켰던 1980년대 이후에 소년기를 보낸 사람들은 비교적 높은 자세로 타는 자전거만을 경험했

로드바이크: 포장도로에서 빠른 속도로 달리는 데 특화된 자전거. 공기 저항과 마찰을 줄이기 위해 드롭 핸들과 폭이 좁은 타이어를 사용한다.

다. 하지만 나와 같은 소년 자전거 세대는 요즘은 쉽게 찾아보기 힘든 세미 드롭 핸들을 다뤄봤고, 이제는 드롭 핸들 스포츠 자전거로 갈아타고 있는 것이다.

그렇다. 낮은 자세로 바람을 가르며 달리는 자전거가 더 멋지다고 생각하는 DNA를 갖고 있는 것이다. 나 역시 40살이 넘은 뒤에야 거의 25년 만에 드롭 핸들을 다시 쥐었다. "이제는 브레이크 레버로 변속까지 할 수 있구나" 하는 정도의 감탄은 있었지만 위화감 같은 것이 생기지는 않았다. 그러하기 때문에 아마도 지금의 40대라면 로드바이크에 가장 쉽게 익숙해질 수 있지 않을까? 나는 그렇게 생각한다.

로드바이크를 고르는 비결?

어쨌든 우선은 로드바이크를 구입해야 한다. 솔직히 말해서 일반적인 생활 자전거에 비하면 진입 장벽이 조금 높다. 드롭 핸들과 폭이 좁은 타이어! 동네 상점가에 있는 자전거 샵에서는 찾아보기도 쉽지 않다. 주변에 갖고 있는 사람도 많지 않다. 이따금씩 눈에 띄는 로드바이크는 이상한 헬멧을 뒤집어쓴 사람들이 타고 있다.

큰맘 먹고 스포츠 자전거 전문점에 들어서면, 진열된 자전거에는 "동그라미가 한두 개 더 붙은 거 아냐?" 싶은 정도의 가격표가 붙어 있다. 카본으로 만들어진 자전거 바퀴는 그것만으로 수십만 엔을 호가하기도 한다. 마찬가지로 카본으로 만들어진 핸들 중에는 일반 자전거를 여러 대 살 수 있는 가격대의 것도 있다.

"뭐!? 10만 엔짜리 자전거??"

1~2만 엔 정도의 자전거만 타본 사람들은 로드바이크의 가격에 깜짝 놀란다. 1만 엔으로 일반적인 생활 자전거를 살 수 있는 시대인 만큼 3만 엔짜리라면 약간의 용기를 낼 수도 있겠지만, 5만 엔이나 10만 엔이 넘는 자전거라면 맨 정신으로 살 수 있는 것이 아니라고 생각할지도 모르겠다. 하지만 모처럼 구입하는 로드바이크다. 실제로 로드바이크와 겉모양만 비슷하게 만들어진 저렴한 가격의 자전거는 승차감과 제동력 등에서 로드바이크와 비교할 수 없는 차이가 있다.

물론 처음에는 무엇을 어떻게 골라야 할
지 쉽게 판단하기 어려울 것이다. 프레임*이 어떠하다
거나 컴포넌트*가 어떠하다는 이야기를 들어도 머릿속
엔 그저 물음표만 떠오른다. 그래도 요즘은 다양한 메이
커에서 입문자용 로드바이크들을 많이 내놓고 있다. 가
격은 10만 엔 정도부터다. 1~2만 엔짜리 자전거를 탔
던 사람에게는 큰 결심이 필요한 금액이겠지만, 스키나
골프 같은 다른 스포츠를 생각해보면 결코 사치라고는
할 수 없을 것이다.

입문자용이라고 해도 이름 있는 메이커라
면 성능에 아무런 문제가 없다. 프레임은 알루미늄 혹은
알루미늄＋카본백*의 재질일 것이다. 풀 카본의 가격도

프레임 자전거의 차체
컴포넌트 앞뒤 브레이크, 앞뒤 변속기, 브레이크 레버와 변속기 레버를
합친 일체형 레버, 크랭크 등이 한 세트로 되어 있는 것. 세계 최대 자전
거 부품 제조사인 일본의 시마노 사는 '컴포넌트'라고 부르지만, 시마노
와 경쟁 관계에 있는 이탈리아의 캄파뇨로 사는 '그룹 세트'라고 부른
다.
카본백 프레임 일부에 카본 소재를 사용한 복합형 프레임. 1990년대 후
반부터 2000년대 전반까지 주류를 이루었다.

내려갔기 때문에 마음만 좀 먹으면 구입해볼 만한 가격대의 제품들도 나오고 있다. 주요 메이커의 엔트리 모델들은 성능이나 승차감에서 커다란 차이를 보이지 않는다. 핵심은 10단 컴포넌트를 장착한 제품을 고르라는 것. 대부분의 로드바이크는 10단을 채택하고 있는데, 상위 컴포넌트와의 호환성이 좋기 때문이다.

레이스와 같이 속도가 중요한 상황에서 달리는 것이 아니라면 200킬로미터 정도까지는 프레임의 차이가 거의 느껴지지 않는다. 오히려 더 중요한 문제는 로드바이크의 크기가 자신에게 맞느냐, 그리고 자신에게 적합한 자세로 달릴 수 있느냐의 여부다. 크기나 자세가 맞지 않는다면, 아무리 고급 모델이라고 해도 장거리를 달릴 수는 없다. 내게 맞는 크기와 자세를 바르게 조언해주는 샵이야말로 가장 좋은 곳이라고 할 수 있을 것이다.

따라서 샵을 정하는 것은 중요한 포인트가 된다. 가급적이면 집에서 가까운 곳을 선택하자. 로드바이크는 달리기 위해 반드시 필요한 것 이외의 부품이 거의 달려 있지 않아서 지극히 심플한 메커니즘을 구현하고 있다. 그래서 머지않아 스스로 정비와 수리를 할 수 있게 되겠지만, 처음에는 믿을 수 있는 샵에 부탁하는 편이 낫다. 가까운 샵이 좋다고 해도, 굳이 걸어서 갈 수 있을 만한 거리일 필요는 없다. 로드바이크를 타면 10킬로미터 정도는 채 30분도 걸리지 않으니, 그 정도 범위 안에서 좋은 샵을 찾는 것이 좋겠다.

정비를 스스로 할 수 있게 될 때까지는 스포츠 자전거 전문점의 주인이나 스태프와 같은 전문가들에게 의지할 수밖에 없다. 손님 입장에서 보면 자전거 샵이라는 사업이 그다지 속편한 일처럼 보이지는 않는다. 성가신 손님도 많을 것이고, 잔손질이 필요한 작업도 많다. 게다가 물건만 달랑 팔아버리면 그걸로 그만인 장사도 아니다. 이처럼 꽤나 귀찮을 법한 사업을 이어가고 있는 샵의 주인이라면, 분명히 자전거를 매우 좋아하는 사람임에 틀림없다.

입문자로서 겸허하게 도움을 구하는 것이 이것저것 혼자 생각하고 고민하는 것보다 훨씬 빠른 길이다. 샵에 따라서는 제품을 구입한 손님을 대상으로 라이딩 모임을 여는 곳도 있다. 이런 샵은 진정 최고의 샵이다.

사이클링 웨어와 헬멧을 부끄러워 마라

로드바이크를 구입했다면, 다음은 사이클링 웨어와 헬멧 차례다. 자전거 도로에서 로드바이크를 타고 있는 사람들은 하나같이 몸에 꼭 달라붙는 사이클링 웨어를 입고 있다. 입문자들은 이런 사이클링 웨어를 부끄럽게 여겨서 처음에는 잘 입지 못한다. 레이서 팬츠는 더욱 말할 나위가 없다. 로드바이크를 타기 시작한 사람들이 처음 만나는 정신적인 장애물이라고 해도 지나치지 않을 정도다.

그렇지만 잘 생각해 보자. 평상복을 입고 스키를 탈 수는 없고, 구두를 신은 채 마라톤을 뛸 수도 없다. 자전거가 도로라는 일상적인 공간을 달리기 때문에 신경이 쓰이는 것일 뿐이다.

로드바이크를 타면 금세 알게 되겠지만, 한겨울을 제외하면 언제나 많은 양의 땀을 흘리게 된다.

그래서 사이클링 저지는 땀을 재빨리 흡수해서 건조시키는 소재로 만들어졌다. 게다가 몸에 꼭 맞기 때문에 고속으로 달릴 때도 옷이 펄럭이지 않는다. 레이서 팬츠도 일단 한 번 입어보면 이것보다 쾌적한 옷이 없다고 느낄 정도다. 엉덩이 부분에 패드가 들어 있어서 오랜 시간 자전거를 타도 엉덩이가 아프지 않고, 몸에 달라붙기 때문에 다리를 움직이기도 쉽다. 요컨대 자전거를 타는 사람들을 위해 가장 적합하게 고안된 옷인 셈이다. 가까운 곳을 다녀올 때라면 굳이 챙겨 입을 필요가 없겠지만, 100킬로미터 이상을 달린다면 옷에도 기능성이 필요하다. 망설이지 말고 사이클링 웨어를 구입하시라.

봄부터 초여름까지의 시기에는 로드바이크에 입문하는 사람들의 수가 크게 늘어난다. 자전거 도로에서도 티셔츠에 청바지 차림 혹은 반바지 같은 평상복 차림으로 로드바이크를 타고 있는 사람들을 꽤 볼 수 있다. 하지만 시간이 조금 더 지나면 그러던 사람들도 위에는 사이클링 저지를, 아래에는 반바지를 입다가 마침내는 레이서 팬츠까지 입게 된다. 봄부터 여름이 끝날 무렵까지 자전거 도로를 달리는 사람들을 지켜보고 있으면 쉽게 알 수 있는 변화라서 재미있기도 하다. 아무튼 적어도 한여름철에는 위아래로 사이클링 웨어를 갖춰 입지 않으면 장거리 라이딩을 감당할 수 없다. 한여름까지가 입문자의 '복장 교체기'인 것이다.

처음에는 사이클링 웨어를 입는 것 자체가 부끄러워서 대개 단색의 수수한 것으로 고르기가 쉽다. 특히 사이클링 저지는 일반적인 패션 감각으로 보아도 상당히 화려한 것들이 많다. 하지만 신기하게도 달리는 것에 익숙해질수록 조금 더 눈에 띄는 저지가 입어보고 싶어진다. 사이즈도 처음에는 꼭 맞는 것이 부담스러웠지만 체형이 가다듬어지면서 더욱 타이트한 것을 입게 된다. 타이트한 쪽이 달리는 데 더 알맞다는 사실을 깨닫는 것과 동시에 툭 튀어나왔던 배도 쏙 들어가기 때문이다. 결국 눈에 띄는 저지를 입는다는 것은 좀 더 자신감이 생겼다는 증거라고 할 수 있다. 또한 어느 정도 화려한 색상과 디자인의 저지는 도로에서 자동차 운전자들의 눈에 잘 띄어 자신의 안전을 확보할 수 있다는 장점도 있다. 겁먹지 말고 처음부터 눈에 확 들어오는

필자가 사용하는 아이템들: 사이클링 저지는 〈자전거로 멀리 가고 싶다〉 커뮤니티에서 단체로 제작한 것이다.

컬러풀한 사이클링 웨어를 고르자.

고글(보호용 안경)도 쓰는 것이 좋다. 나는 콘택트렌즈를 착용하고 있어서 고글 없이 수십 킬로미터를 달리면 눈이 뻑뻑해진다. 날벌레가 눈에 들어가는 경우도 있다. 추운 겨울에는 고글을 쓰지 않으면 눈물이 계속 나고, 햇살이 따가운 시기에는 눈이 쉽게 지친다. 스포츠 사이클용 고글은 빠른 속도에서도 바람에 휩쓸리지 않고 눈을 확실하게 보호해주는 멋진 도구다.

　　　　고글은 다른 것보다 렌즈 성능이 좋은 것을 고르는 것이 좋다. 개인적으로는 붉은색 계통의 렌즈를 추천한다. 붉은색 렌즈는 눈부심을 줄여주면서도 빛의 붉은 파장을 강조해서 콘트라스트를 높여준다. 로드바이크를 타고 달릴 때 노면의 요철을 확실히 보여주는 효과가 있는 것이다. 또한 다소 어두워졌을 때나 하늘에 구름이 잔뜩 끼었을 때도 콘트라스트를 높여 시야를 또렷하게 해준다. 속도가 빠른 스포츠에 적합한 렌즈다.

　　　　마지막으로 헬멧은 "쓰고 있길 잘했다"고 생각하게 되는 순간이 언젠가 반드시 찾아온다. 매번 수백 킬로미터씩 일 년에 수천 킬로미터를 달리게 되면, 아무리 신중을 기한다고 해도 한 달에 몇 번은 섬뜩한 경험을 하기 마련이다. 시속 30~40킬로미터 정도의 속도에서 구르기라도 하면 대부분은 헬멧이 깨어진다. 최소한 헬멧에 움푹 들어간 자국이나 커다란 흔적이 남는다. 머리를 부딪친 기억이 없다고 해도 헬멧을 살펴보면 한눈에 알 수 있을 것이다. 만약 로드바이크의 속도로 달리다가 땅에 구르게 되면 반드시 머리 어딘가를 도로에 부딪히게 된다. 좀 더 느린 속도라고 해도 상대는 포장된 도로다. 내 두개골에 승산은 없다.

물론 로드바이크를 타는 사람 중에는 한 번도 땅에 굴러본 적이 없다는 사람들도 있다. 하지만 어디까지나 운동 신경이 지극히 뛰어나거나 아니면 행운을 타고났거나 둘 중 하나다. 로드바이크로 달리는 것은 다른 자전거로 달리는 것과 속도와 주행 거리 모두에서 비교가 되지 않는다. 사소한 실수가 곧 큰 사고로 이어질 수 있는 것이다. 사고는 늘 예상하지 못했던 순간에 찾아온다. 자동차와 얽히는 사고도 있다. "헬멧을 쓰고 있지 않았다면 더 이상 만날 수 없었겠구나" 싶은 자전거 동지가 몇 명이나 있을 정도다. 나 자신도 마찬가지다. 죽지는 않았을지 모르지만, 시쳇말로 '땜통' 두세 개는 얻었을 거다.

"가까운 곳에서 조금 달릴 뿐인데 뭐"라고 생각할 수도 있겠지만, 로드바이크는 별것 아닌 내리막 길에서도 시속 40킬로미터쯤은 쉽게 나온다. "지나치게 요란을 떨어서 부끄럽다"거나 "버섯같아 보여서 흉하다"고 말하지 말고, 로드바이크를 탄다면 반드시 헬멧을 쓰도록 하자.

사이클링 저지, 레이서 팬츠, 헬멧, 고글을 갖췄다면 이제 하이스피드 레이서로 변신할 차례다.

이것만은 갖추자!

자전거, 사이클링 웨어, 헬멧, 고글 외에 갖춰야 할 것으로는 페달, 장갑, 플로어 펌프, 휴대용 펌프, 휴대용 공구, 예비 튜브, 전후방 라이트 등이 있다.

로드바이크는 페달이 부착되어 있지 않은 상태로 판매된다. 그래서 페달은 각자 기호에 따라 고르면 된다. 처음에는 보통의 자전거에 달려 있는 플랫 페달도 상관없다. 그러나 일정한 실력을 갖췄다면 바인딩 페달(클리트 페달)에 도전하기를 권한다. 바인딩 페달은 이름 그대로 스키의 바인딩처럼 신발과 페달을 고정시키는 구조로 되어 있다. 그래서 바인딩 페달에는 바인딩

필자의 장거리 라이딩용 미니멈 장비: 휴대용 공구, 새들백, 휴대용 펌프. 공구는 콤팩트하지만 체인 커터, 스포크 렌치, 8사이즈의 6각 렌치 등 18가지 기능을 갖추고 있다. 펌프도 길이는 16센티미터에 불과하지만 공기를 160psi까지 주입할 수 있다.

전용 신발을 신어야 한다. 처음에는 다리가 고정되는 것에 공포를 느낄 수도 있겠지만, 사용해보면 금세 익숙해질 것이다. 바인딩은 다리를 움직일 때는 고정되어 있지만, 다리 끝을 조금만 비틀면 간단하게 해제할 수 있게끔 되어 있다. 익숙해지면 대부분 무의식적으로 할 수 있게 된다.

　왜 바인딩 페달을 사용해야 하냐고 묻는

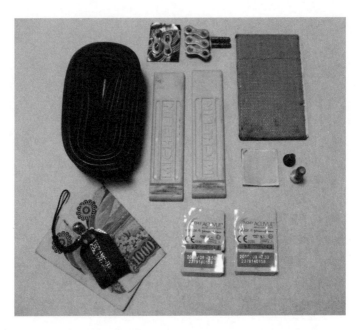

시행착오 끝에 확정한 새들백의 내용물: 좌측 상단부터 시계 방향으로 예비 튜브, 타이어 레버, 체인 링크, 체인 몇 칸, 체인용 핀, 검정 테이프, 클리트 및 물통 케이지용 나사, 펑크 수리용 패치, 1회용 콘택트렌즈, 비상금 2천 엔, 아소 신사神社에서 구입한 교통안전 부적. 전화 카드에 검정 테이프를 말아서 갖고 다니면 뜻밖의 상황에서 유용하게 쓸 수 있다. 실제로 클리트와 물통 케이지의 나사가 풀어졌을 때 드라이버 대신 사용한 적이 있다. 체인 관련 부품들은 라이딩 도중에 체인이 끊어지는 사태에 대비하기 위한 것이다.

다면, 로드바이크로 장거리를 피곤하지 않게 달리려면 가벼운 기어비로 페달을 빠르게 회전시키는 것이 중요하기 때문이라고 대답할 것이다. 일반 자전거를 탈 때보다 2배 정도의 속도로 회전시킨다고 이해하면 된다. 신발이 페달에 고정되지 않으면 회전이 불안정해지고 페달링의 효율도 떨어진다. 또한 일반 자전거의 페달링에서 사용되지 않고 버려지는 '다리를 들어 올리는 힘'까지도 동력으로 이용할 수 있다. 바인딩 페달은 빨리 달리거나 오르막길을 거침없이 올라가기 위한 필수 아이템이다.

　　　　장갑은 손바닥 부분에 쿠션을 넣은 자전거 전용 제품이 있다. 한겨울 외에는 손가락을 움직이기 쉽도록 손가락 끝부분이 잘려 있는 타입을 쓴다. 이런 장갑을 끼고 있으면 긴 시간 동안 핸들을 쥐고 있어도 손바닥이 아프지 않다.

　　　　로드바이크에 사용하는 가느다란 타이어는 공기압 관리를 성실하게 하지 않으면 펑크가 나기 쉽다. 펑크는 날카로운 물체에 찔려서 나는 것만은 아니다. 공기압이 줄어든 상태에서 턱이 있는 곳을 지나게 되면, 타이어가 충격을 제대로 흡수하지 못해서 바퀴의 림*이 노면에 끼어 펑크가 나기도 한다. 따라서 적어도 일주일에 한 번씩은 공기압 관리를 해줄 필요가 있다. 플로어 펌프는 성능이 좋은 것을 사는 편이 길게 보았을 때 본전을 뽑는 길이다.

　　　　휴대용 펌프는 야외에서 펑크가 났을 때 사용한다. 야외에서 펑크가 나면 일반적으로 타이어 속에 들어있는 튜브를 교환한다. 물론 그 자리에서 튜브에 난 구멍을 패치로 때워 펑크를 수리할 수도 있지만 교환해버리는 쪽이 더 간단하다. 구멍 난 튜브는 집에 돌아와서 천천히 수리해도 되니까 말이다.

　　　　전후방 라이트도 꼭 부착하도록 하자. 자동차를 운전하는 사람이라면 밤길에 아무런 조명도 달지 않은 채 달려오는 자전거 때문에 위험할 뻔했던 경험이 있을 것이다. 로드바이크의 속도라면 한층 위험이 크다. 확실히 식별 가능한 밝기의 제품을 고르자.

림 튜브 및 타이어를 바퀴에 고정하는 부분.

믹시의 커뮤니티 〈자전거로 멀리 가고 싶다〉

자아, 이제 준비는 모두 끝났다. 우선 100킬로미터의 벽을 넘어보자. 하지만 이를 위해 필요한 과정은 다음 장에서 이야기할 것이다. 함께 달릴 동지들을 만드는 것도 오랫동안 자전거를 타는 비결이자 즐거움을 배가시키는 핵심적인 요소이기 때문에, 여기에서는 그에 관한 이야기를 잠깐 하고 싶다.

믹시(http://mixi.jp)는 일본 최대의 SNS 서비스*인데, 믹시에는 내가 운영자로 있는 〈자전거로 멀리 가고 싶다〉라는 커뮤니티가 있다. 이 책의 이름과도 같다. 2004년 가을부터 운영해 왔으니, 자전거 관련 커뮤니티로서는 고참 축에 속할 것이다.

"장거리 라이딩을 함께할 자전거 동지가 있으면 좋겠다"는 생각이 이 커뮤니티를 만들게 된 동

SNS 서비스 Social Network Service의 줄임말. 온라인에서의 인간관계 형성을 주된 목적으로 하는 서비스로서, 트위터Twitter와 페이스북 Facebook 등이 대표적이다. 국내의 SNS로는 싸이월드와 미투데이 등이 있다.

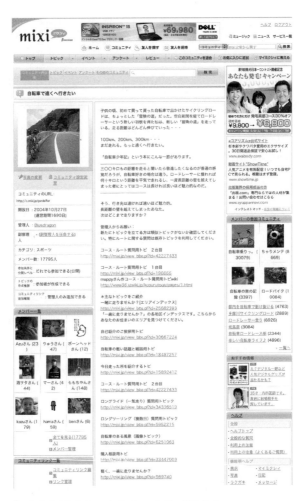

믹시의 〈자전거로 멀리 가고 싶다〉커뮤니티.

기였다. 내가 로드바이크를 타기 시작한 지 1년 정도 되었을 무렵이었는데, 주변에서 장거리 라이딩 동지를 찾기가 쉽지 않았다. 물론 자전거는 자기완결적인 스포츠라서 무리해가며 자전거 동지를 만들지 않아도 혼자서 충분히 즐길 수 있지만, 마음이 맞는 동지와 함께 달리는 것은 또 다른 즐거움을 선사해준다.

커뮤니티를 처음 만들었을 때는 팀에 들어가지 않고서 (즉 레이스를 위한 연습이 아닌) 100킬로미터 단위의 장거리 라이딩을 좋아하는 사람들이 얼마나 될는지 전혀 짐작할 수가 없었다. 요즘이야 장거리 라이딩이 인기를 얻고 있지만, 불과 몇 년 전까지만 해도 장거리 라이딩 애호가는 극히 소수에 불과했던 것이다.

초기에는 원래부터 알고 지내던 자전거 동지들을 포함해 100~300명 정도의 회원으로 시작해서 부지런히 운영해 갔다. 그러다가 믹시의 회원 수가 폭발적으로 증가하면서 우리 커뮤니티의 회원도 크게 늘어났다. 현재는 1만 명이 넘는 수가 참여하고 있다.

이 커뮤니티를 통해서 애초의 목적대로 자전거 동지들을 많이 만들 수 있었다. 그 덕분에 이제는 주말에 함께 달릴 사람이 없어 곤란한 상황에는 처하지는 않게 되었다. 장거리 라이딩 이벤트나 레이스를 함께할 동지들도 많아졌다. '함께 달립시다' 와 같은 게시판이 지역별로 만들어져 있기 때문에 "이번 토요일에 OO 방면으로 달리려는데, 같이 가실 분 없나요?"라고 글을 올리면 대부분 곧바로 댓글들이 달린다.

그밖에도 장거리 라이딩에 필요한 물품이나 노하우에 관한 질문 게시판, 코스에 관한 질문 게시판 등이 있다. 나 정도는 발끝에도 미치지 못할 만큼 풍부한 지식과 경험을 가지고 있는 회원들이 많이 있어서 자전거에 관한 의문이라면 무엇이든 해결할 수 있다. 내가 만든 커뮤니티이긴 하지만 솔직히 말해서 요즘은 다른 사람으로부터 도움을 받거나 가르침을 얻는 경우가 더 많다.

이 커뮤니티 덕분에 나의 자전거 생활은 훨씬 더 즐거워졌다. 그래서 조금이라도 은혜를 갚고자 하는 마음에서 1년에 몇 번씩 입문자를 위한 이벤트를 개최하고 있다. 이벤트라고 해도 모두 함께 모여서 달릴

〈자전거로 멀리 가고 싶다〉 커뮤니티의 회원들.

뿐이기에 특별히 대단한 것은 없다. 하지만 내가 자전거를 타기 시작했을 때는 함께 달릴 동지도 적었고, 잘 알지 못하는 코스를 혼자서 달리는 것이 망설여졌던 기억이 있기 때문에, 그러한 사람들의 '레벨 업'에 도움이 되었으면 하는 마음으로 개최하고 있는 것이다. 참가하는 사람들이 서로 친해져서 평소에도 끼리끼리 기분 좋게 달릴 수 있다면 더욱 기쁠 것이다. 그래서 나의 자전거 동지도 늘어난다면 금상첨화일 테고.

입문자를 위한 이벤트의 라이딩 코스는 주로 내게 익숙한 다마가와 혹은 오쿠타마 지역이다. 대부분 다른 사람과는 처음으로 함께 달리는 것이기 때문에 코스 선정에도 나름대로 신경을 쓰고 있다. 이제 막 자전거를 타기 시작한 '100퍼센트 초보자용', 슬슬 자전거 도로를 타고 '조금 더 멀리 가보고 싶은 사람용' 등 그때그때의 참가자 수준에 맞추어 무리 없이 달릴 수 있는 코스를 마련하고 있다.

또한 평소에는 집단으로 달릴 때의 이동 방법이나 핸드 사인을 보내는 방법 등을 배울 수 있는 기회가 좀처럼 드물기 때문에, 커뮤니티의 이벤트에서 기본적인 스킬들을 배울 수 있었으면 하는 바람도 있다. 레이스와 같이 인구 밀도가 극단적으로 높은 상황에서 달리는 일은 흔치 않겠지만, 사이클링 이벤트에 참가할 때처럼 어느 정도의 집단 라이딩 스킬이 필요한 경우가 생기기 마련이기 때문이다. 또한 다른 사람과 함께 달리다 보면 자기 자신은 알아차리지 못했던 나쁜 버릇이나 자세를 서로 체크해줄 수도 있다. 이 또한 스킬 향상의 지름길이다.

　　자전거 동지가 필요하다면 샵에서 여는 라이딩 모임에 참가해보는 것도 좋고, 〈자전거로 멀리 가고 싶다〉와 같은 커뮤니티에 가입해도 좋다. 그러나 바로 당신의 주변에 로드바이크를 타는 사람이 숨어 있을 가능성도 있다. 시험 삼아 이 책을 사무실 책상 위에 살짝 올려두는 건 어떨까. "아, OO 씨도 로드바이크 타세요?" 하며 숨어 있던 그 누군가가 불쑥 나타날지도 모른다.

　　당신의 첫 번째 로드바이크 동지는, 예상보다 가까이에 있을지도 모르는 것이다!

제2장

100킬로미터를 달린다

장거리 라이딩의 입구

100킬로미터라는 거리는 장거리 라이딩으로 가는 길의 입구에 해당한다. 끊기 좋은 숫자이기도 한 데다, 이제 막 장거리 라이딩을 시작하려는 사람들도 "일단 100킬로미터 정도는 달릴 수 있었으면 좋겠다"라고 말하기 때문이다.

그런데 만약 당신이 "지난 주말에 자전거로 100킬로미터를 달렸다"고 말한다면 상대방은 어떤 반응을 보일까? 자전거와 그다지 인연이 없는 사람이라면 아마도 100킬로미터라는 거리에 놀랄 것이다. "이 사람은 분명히 자전거로 여행이라도 다녀온 걸 거야"라고 생각할 수도 있고, 아니면 더 극단적으로 "100킬로미터나 되는 거리를 자전거로 달리다니, 이 사람 좀 이상해"라고 생각할지도 모른다. 하지만 로드바이크에 익숙해지면 100킬로미터쯤은 식은 죽 먹기다. 취미로 레이스를 즐기는 사람이라면 주말에 있는 팀 연습에서 오전 중에 가뿐히 달릴 만한 거리다.

내 경우에 대략 시속 25킬로미터의 속도로 큰 탈 없이 평지를 달린다면, 신호 대기와 오르막길에서의 속도 변화를 감안해 전체 주행 구간의 평균 속도는 시속 20킬로미터 정도가 될 것이다. 이 계산을 따르면 100킬로미터를 달리는 데는 5시간이 걸린다. 도중에 1시간가량 휴식을 취한다고 해도 6시간이다. 아침 8시쯤 출발하면 오후 2시에 돌아올 수 있는 것이다. 중간에 다른 곳을 들르거나 작은 문제가 생기더라도 저녁 식사 전에는 충분히 돌아올 수 있다.

물론 100킬로미터라고 말은 쉽게 했지만, 처음에는 '한 바퀴 빙 돌아 100킬로미터'의 코스보다는 편도 50킬로미터의 코스를 왕복하는 것으로 시작하는 편이 좋다. 도심에 살고 있는 사람에게는 주행하기에 안성맞춤인 100킬로미터 코스를 찾는 일이 그리 쉽지 않기 때문이다.

편도 50킬로미터, 왕복 100킬로미터 코스.

이것이 첫 번째 트레이닝 코스다. 같은 코스를 몇 번이고 달리면서 매번의 주행 시간과 달리고 난 후의 피로도를 따져보는 방식으로 자신의 다리 힘이 얼마나 늘었는지도 파악할 수 있다.

로드바이크를 처음 탈 때는 평소보다 가벼운 느낌을 주는 기어비를, 역시 평소보다 조금 빠른 속도로 회전시키는 것이 좋다. 너무 무거운 기어비로 낑낑대고 밟아가며 달릴 필요는 없다. 아마도 처음에는 자전거 도로를 달린다 해도 계속 추월당하는 쪽일 것이다. 그렇지만 "이까짓 것쯤이야!" 하는 마음으로 무리해서 상대방을 다시 추월해봐야 또다시 유유히 추월당하기가 십상이다. "오늘은 느긋하게 달린다"는 마음가짐으로 자신의 페이스를 유지하자. 어쨌든 시속 20킬로미터 정도에서 시작해서 시속 25킬로미터 안팎의 속도로 순탄하게 달리는 것을 목표로 삼아야 한다.

부근에 긴 자전거 도로가 있는 편이 가장 좋다. 자전거 도로라면 자동차에 신경 쓸 필요도 없고 교통 신호도 없다. 자신의 페이스로 자유로이 달릴 수 있다. 특히 하천을 따라서 나 있는 자전거 도로라면 대부분은 OK다.

　　　　로드바이크를 타기 시작했을 무렵, 나는 도쿄 서쪽을 흐르는 다마가와 강변의 자전거 도로에서 30분 정도 걸리는 곳에 살고 있었기 때문에 그 도로를 자주 달렸다. 다마가와 자전거 도로의 후타고타마가와 강변에서 출발하여 상류의 종점이라고 할 수 있는 하네무라까지 달려가면 약 50킬로미터가 된다. 반 년 동안 주말마다 어김없이 이 코스를 왕복했다.

　　　　이제 와서 생각해보면 질리지도 않고 잘도 달렸다 싶지만, 자전거 타기를 갓 시작했던 나는 "어디를 어떻게 달리면 좋을까?" 하는 고민에 진정으로 몰두해 있었다. 그리고 무엇보다 자전거 안장 위에서 만나는 강변의 바람과 풍경이 매번 신선하게 다가왔다.

자전거 도로의 난적, 맞바람

매주 자전거 도로를 달리다 보면, 나와 마찬가지로 매주 자전거를 타는 사람들을 마주치기도 한다. 스쳐 지나는 장소, 추월하고 또 추월당하는 지점은 그때그때 다르지만 몇 번이고 마주치는 사이에 "아, 그 사람이다" 하고 알아보게 된다. 아마 상대방도 나와 같을 것이다. 어느 무렵부터는 스쳐 지날 때 가볍게 목례를 나누기 시작했다. 멈춰 서서 인사를 주고받을 정도는 아니지만 같은 코스를 함께 달리는 사람들끼리 모종의 연대감이 생겨났다고 해도 좋을 것이다.

특히 뜨거운 한여름 혹은 금방이라도 얼어붙은 것 같은 한겨울에는 가벼운 눈인사만으로도 "힘내세요"라는 메시지를 전하는 것 같아서 왠지 모르게 뿌듯해진다. 그래서인지 페달을 밟는 다리의 느낌도 평소보다 경쾌하다.

자전거 도로에서 만났던 사람과 생각지도 못한 장소에서 재회하는 경우도 있다. 어느 사이클링 이벤트에 참가했다가 겪은 일이다. 낯이 익은 이가 있어서 "혹시 다마가와 쪽에서 자전거를 타지 않으시나요?" 하고 물었더니 상대방도 나를 금방 알아보고 반갑게 인사를 나누었다. 점차 늘어나는 추세라곤 하지만, 로드바이크는 여전히 다른 스포츠에 비해 좁은 세계인지도 모르겠다. 실제로 도쿄에서 로드바이크를 타는 사람들은 다마가와 자전거 도로와 아라카와 자전거 도로 둘 중 한 곳을 이용하는 경우가 많다고 한다.

다마가와 강은 도시 한복판을 흐르는 강이라는 인상이 강하지만, 다치카와 부근부터는 한층 한가로운 풍경으로 탈바꿈한다. 상류 쪽으로 갈수록 도시의 느낌은 사라지고, 자연의 싱그러운 녹색이 풍부해진다. 나는 이곳에 이르러 나 자신이 일상으로부터 완전히 떨어져 나왔음을 느낀다. 그래서인지 다마가와 강에 내려앉는 석양만큼 아름다운 석양은 이 세상에 없다고 생각한다.

"자전거로 멀리 간다는 것은 즐거운 일이구나."

처음으로 이런 느낌을 받은 것은 바로 다마가와 강의 풍경 속에서였다.

하지만 한적한 강변의 자전거 도로에도 난적이 존재한다. 바로 바람이다. 강변의 자전거 도로에는 길을 가로막는 장애물이 없기 때문에 바람이 불면 직접적으로 영향을 받는다. 순풍이 불 때야 가볍게 페달을 밟는 것만으로 이리저리 즐겁게 자전거를 탈 수 있지만, 어째서인지 이런 경우는 좀처럼 없다. 맞바람을 뚫고 있는 힘껏 달리면서 "그래도 돌아오는 길에는 순풍이 불 테니 문제없겠지"라고 생각하지만, 정작 돌아올 때는 바람의 방향이 바뀌어서 여전히 맞바람을 맞으며 돌아오게 된다. 내가 그런 날만 골라서 갔을 수도 있겠지만 말이다.

그날따라 왠지 페달이 가볍게 느껴지는 듯싶더니, 사실은 순풍이 느긋하게 불고 있었던 경우도 있다. 그러나 사람이란 즐거웠던 일은 쉽게 잊어버리는 존재인지, 순풍을 만난 기억보다는 맞바람이 불었던 기억만 선명하게 남아 있다. 마치 "인생과도 같다"라고 하면 너무 철학적인 해석일까?

"오르막을 좋아하는 사람은 있어도, 맞바람을 좋아하는 사람은 없다"는 것이 자전거를 타는 사람들 사이에서 전해지는 격언(?)이지만, 자전거 도로를 타고 강의 상류에서 하류 방향으로 돌아오는 길에는 어김없이 맞바람이 불어오는 것 같은 기분이 든다.

자전거를 처음 타던 무렵에는 다리 힘이

제대로 갖춰지지 않아서 조금만 맞바람이 불어도 속도가 순식간에 시속 20킬로미터 이하로 뚝 떨어지는 비참한 기분을 맛보기도 했다. 맞바람만이 아니다. 옆에서 부는 바람도 무섭다. 돌풍 때문에 핸들을 놓쳐서 균형을 잃은 적도 여러 번 있었다. 그럴 때는 가능한 낮은 자세를 취해서 바람의 영향을 최소화해야 한다. 연습이라 생각하고 아래쪽 핸들을 잡고 타는 것도 좋다. 그러고 난 다음에는? 그저 어금니를 꽉 깨물고 달리는 수밖에 없다.

펑크 수리는 스스로 할 수 있어야 한다

타이어 펑크는 자전거를 타면서 가장 흔히 부딪치게 되는 문제다. 게다가 언제나 펑크는 "왜 하필이면 이런 곳에서" 하고 한숨을 쉬게 만드는 때와 장소에서 발생한다.

　　　　펑크가 난 바로 그곳에서 수리를 할 수도 있지만 응급조치로 구멍 난 튜브를 예비 튜브로 교체해버리는 편이 간단하다. 익숙해지면 10분 정도, 손이 빠른 사람이라면 5분 안에 튜브 교체를 끝낼 수 있다. 자세한 방법은 여러 자전거 정비 책자에 나와 있지만, 로드바이크를 손에 넣었다면 사전에 몇 번쯤은 연습해두기를. 미리 준비해서 손해 볼 것은 없다.

　　　나는 오쿠타마의 야마오쿠처럼 먼 곳까지 갈 때는 반드시 예비 튜브 2개와 펑크 수리용 패치를 가지고 집을 나선다. 펑크가 두 번이나 나는 일은 좀처럼 일어나지 않지만, 만에 하나 운이 정말 나빠서 세 번째 펑크를 만나 예비 튜브를 모두 써버리더라도 가지고 있던 패치로 수리할 수 있는 것이다. 자전거 도로에서라면 다른 사람의 도움을 받을 수도 있겠지만 인적이 드문 장소에서는 어떻게든 혼자서 해결해야만 한다. 자신이 없는 사람은 미리 행선지 주변 자전거 샵의 위치를 알아두는 편이 좋을 것이다. 펑크 이외의 문제가 발생했을 때도 요긴하기 때문이다.

게을러도, 나이가 많아도

장거리 라이딩을 하려면 어떤 종류의 트레이닝이 필요하냐는 질문을 받은 적이 있다. 나는 무조건 많이 타는 게 가장 좋은 방법이라고 대답했는데, 이것은 100퍼센트 사실이다.

자전거는 낮은 부하로 장시간 즐길 수 있는 유산소 운동이라서, 다른 스포츠의 트레이닝 목적으로 타는 사람도 많다. 하지만 타는 동안에 자전거가 점점 재미있어져서, 이윽고 푹 빠져버린 사람들이 꽤 있다. 자전거의 경우에는 타는 것 자체가 가장 훌륭한 트레이닝 방법이다. 자전거를 타기 위해 별도의 트레이닝을 한다는 이야기는 거의 들어본 적이 없고, 내 주변에도 그런 사람은 없다. 물론 남몰래 조용히 하고 있는 사람이 있을 수는 있겠지만…….

장거리 라이딩은 그 자체가 '좀 더 멀리, 좀 더 먼 곳까지' 달리기 위한 트레이닝과도 같다. 100킬로미터를 몇 번이고 달리다 보면, 머지않아 200킬로미터도 달릴 수 있게 된다. 200킬로미터를 가뿐히 달릴

▌그란폰도 후쿠이GRAN FONDO FUKUI라는 라이딩 이벤트에서.

정도가 되면, 100킬로미터는 싱거우리만치 짧은 거리로 느껴질 것이다.

　　무엇보다도 자전거는 게으른 사람들에게 가장 적합한 스포츠다. 나 같은 사람도 지금까지 계속 타고 있을 정도니까. 어쨌든 다른 스포츠와는 달리 자전거를 타기 위한 별도의 노력이나 운동은 필요 없다. 집 앞에서 페달을 밟기 시작하면 그걸로 OK다! 테니스 코트나 골프장, 피트니스 클럽이나 스키장에 갈 필요도 없다. 예약은 물론이거니와 연습 상대도 필요하지 않다.

무엇보다 자전거는 타고 달리는 것 자체가 즐겁다. 피트니스 클럽에서 에어로 바이크를 열심히 밟고 있는 사람을 볼 때마다 나도 모르게 "진짜 자전거를 타면 더 좋을 텐데" 하는 혼잣말을 하게 된다. 밟아도 밟아도 같은 장소인데 무슨 수로 참아내는 것일까 싶은 것이다. 아마도 쓸데없는 참견일 테지만.

게다가 로드바이크로 달릴 때는 어쩐지 일상생활이나 다른 스포츠에서 사용하는 것과 다른 근육을 사용하게 되는 것 같다. 본격적인 스포츠와는 아무 인연도 없이 살아온 나 같은 사람이 다른 스포츠를 오래 하거나 체력과 운동신경이 더 뛰어난 사람들과 대등하게 달릴 수 있는 걸 보면 말이다. 물론 한계 상황에서의 절대적인 신체 능력이야 분명한 차이가 있을 것이다.

그저 페달을 밟아 앞으로 나아가는 것이라면 내게도 약간의 재능은 있나 보다. 원래부터 신체적인 능력이 크게 차이가 나는 사람이더라도, 비슷한 기간 동안 비슷한 페이스로 자전거를 타면 역시 비슷한 다리 힘을 갖게 되는 것 같다. 나이에서 비롯되는 체력의 차이도 그다지 의식해본 적이 없다. 내 주변에서 로드바이크를 좋아하는 사람들의 평균 연령은 30대 중반 정도이고, 전체 애호가의 평균 연령은 그보다 좀 더 높은 수준이다. 장거리 라이딩을 좋아하는 사람으로 한정할 경우 연령대는 더욱 높아진다.

4장에서 이야기하겠지만, 부르베라는 장거리 라이딩 이벤트만 보아도 참가자의 평균 연령은 대략 40대 중반이다. 물론 나도 꾸준히 참여하고 있다. 20대 젊은이들의 수가 상대적으로 적은 것은 아마도 기본적으로 들어가는 비용 때문이 아닐까 싶다. 자전거를 비롯해 여러 종류의 장비를 구입해야 하니까 말이다.

자전거 페달을 밟을 때는 일상생활에서는 거의 쓰지 않는 근육들을 사용하기 때문에 특히 처음 타기 시작할 무렵에는 통증이 자주 찾아온다. 내 경험에 비추어보면, 자전거를 탄 지 반 년 정도 되었을 때 몸에 약간의 무리가 왔던 것 같다. 평소 자주 쓰는 근육이야 자전거로 달린 거리나 강도에 비례해 더욱 단련되기 마련이지만, 지금까지 거의 사용하지 않던 부위를 강화시

키려면 좀 더 많은 시간과 노력이 필요한 법이다. 주변 사람들도 거의 같은 경험을 한 것을 보니 일종의 '통과 의례'인가 보다. 물론 적절한 휴식을 취해준다면 문제 될 것은 없다.

장거리 라이딩에 가장 강한 사람은, 가장 많이 달리는 사람이다.

"달려온 거리는 배신하지 않는다"는 마라톤 선수 노구치 미즈키의 말은 진실이다. 다만 자전거에 있어서는 '강하다'는 것이 곧 '빠르다'는 것을 뜻하지는 않는다. 적어도 부르베 같은 초장거리 라이딩에서는, 출발 지점부터 도착 지점에 이르기까지 날씨나 기온이 변하는 것은 물론이고 신체적 문제나 기계적인 문제들이 계속해서 발생하기 때문이다. 달리는 과정에서 부딪치는 난관들을 모두 극복하고 마침내 골인 지점에 도착하는 사람이야말로 강한 사람이다. 물론 '강한 사람'이 결과적으로 '빠른 사람'이 되는 경우가 많긴 하지만 말이다.

자전거를 타는 사람들이 흔히 쓰는 말 중

에 "다리 힘이 강하다"는 표현이 있다. 이런 사람들은 일시적으로 뒤처지더라도 몇 킬로미터 뒤에서 반드시 따라잡는다. 다른 사람들이 지친 나머지 페이스가 무너질 때에도 이들은 자기 페이스를 꾸준히 유지한다. 그래서 후반으로 접어들수록 더욱 강해진다. 핵심은 '강인함'인 것이다.

다리 힘을 강하게 하려면 단기간에 집중적인 트레이닝을 하는 것만으로는 부족하다. 정신적인 측면도 중요하기 때문이다. 결국 오랜 시간 동안 많은 거리를 달리는 것만이 유일한 방법이다. 순간적인 스퍼트를 위해서는 트레이닝이 요긴하지만, 다리 힘은 자전거를 많이 타야만 강하게 만들 수 있다. 20대도, 40대도, 심지어는 70대도 강해질 수 있다.

일단 만들어진 다리 힘은 꾸준히 자전거를 타기만 해도 좀처럼 퇴화하지 않는다. 달리는 것이 즐겁게 느껴진다면 조금씩이라도 시간을 내서 틈틈이 달리도록 하자. 이것이야말로 장거리 라이딩을 즐기기 위한 최고의 비결이다.

어느새 날씬해졌다!

적지 않은 사람들이 자전거를 타며 얻는 효과로 '다이어트'를 꼽는다. 하지만 적어도 내 주변에는 살을 빼기 위해 로드바이크를 탄다는 사람은 거의 없고, 모두들 자전거를 타다 보니 결과적으로 다이어트가 되었다고 말할 뿐이다. 나는 처음 1년 동안 체중이 10킬로그램이나 빠졌다. 로드바이크를 타기 전에는 175센티미터에 78킬로그램, 아내로부터 '비만' 혹은 '뚱보'라고 놀림 받던 내가 1년 만에 70킬로그램 아래로 살을 뺀 것이다. 그 후 급격하게 살이 빠지지는 않았지만 요즘은 65킬로그램과 66킬로그램 사이를 왔다 갔다 한다. BMI 지수*는 21 전후로, 표준치(18.5∼25)의 중간을 약간 밑돈다.

자전거를 처음 탔던 해의 연간 주행 거리가 약 5,000킬로미터였으니, 월평균으로는 400킬로미터가 조금 넘는다. 자전거를 타지 않는 사람들은 한 달에 400킬로미터라는 소리에 기겁할 수도 있겠지만, 실

BMI 지수 키와 몸무게를 이용해 지방의 양을 추정하는 비만 측정법.

제로는 그리 대단한 거리가 아니다. 요즘 나는 나카노 구에서 미나토 구까지 왕복 25킬로미터의 통근 길을 자전거로 오가고 있는데, 한 달에 10일씩 자전거로 출퇴근한다고 치면 250킬로미터가 된다. 그리고 주말에 한두 번만 더 자전거를 타면 금세 400킬로미터가 넘는다. 자전거로 출퇴근하기 이전에도 다마가와 자전거 도로의 왕복 100킬로미터 코스를 한 달에 세 번 달리고 집 근처에서 조금 더 달려서 총 거리는 요즘과 마찬가지로 400킬로미터 정도가 되었다.

자전거를 타기 시작했을 때부터 지금까지 식사를 조절해본 적은 한 번도 없다. 돈까스나 불고기, 고기만두, 라면과 같은 고칼로리 음식들도 양껏 먹어댄다. 감자 칩도 좋아하고, 달달한 것에는 사족을 못 쓴다. 애초에 다이어트를 하겠다는 생각조차 없었다. 그래도 자전거에 푹 빠져서 주말마다 열심히 탔더니 1년 뒤 10킬로그램이 빠져 있었다.

자전거를 타는 것이 너무 즐거워서 하지 않을 수 없었을 뿐, 다이어트를 위해 괴로움을 참아가며 하는 운동 같은 것은 전혀 아니었다. 그래서인지 내가 그렇게 쉽게 살을 뺐다는 사실에 분한 감정을 느낀다는 사람들이 있을 정도였다.

　　　　다이어트를 하려는 목적으로 이 책을 읽고 있는 사람은 없으리라고 생각하지만, 자신의 건강을 생각한다면 의식적으로든 결과적으로든 운동을 통해 살을 빼는 것이 가장 바람직한 방법이다. 미국 아이젠하워 대통령의 심장 수술을 집도한 것으로 유명한 심장외과 의사 화이트 박사도 "성인병에 걸리고 싶지 않으면 자전거를 타라"고 조언한 바 있다.

　　　　실제로 자전거를 타는 사람들, 그 중에서도 특히 '헤비 라이더'들은 너나 할 것 없이 날씬한 체형이다. 겉으로 보기에 호리호리한 느낌을 주는 사람들도 많다. 자전거 외에 다른 운동을 하고 있어서 다부진 체격을 지닌 사람들도 가끔 있지만, 그렇다고 해서 배가 나오고 뚱뚱한 사람들은 본 적이 없다. 나만 해도 BMI 표준 체중을 밑돌고 있지만 로드바이크 무리들 중에서는 살찐 편에 속한다. 어쨌든 모두들 샤프한 체형이다. 얼굴 생김새도 체지방이 적은 사람 특유의 날카로움을 지닌 이들이 많다.

자전거는 타는 사람 스스로가 엔진이 되어 자신의 신체를 이동시키는 도구이기 때문에, 체중이 가벼울수록 유리하다. 예를 들어 체중이 3킬로그램 줄어든다면? 3킬로그램은 1리터짜리 페트병 3개의 무게다. 페트병 3개를 들고 언덕을 오르는 것과 빈손으로 오르는 것의 차이를 상상해보라. 5킬로그램을 줄인다면 1리터짜리 페트병 5개, 10킬로그램이면 10개나 된다.

많은 사람들이 자전거의 무게를 줄이기 위해 갖은 애를 쓰지만, 8킬로그램 아래로 경량화하는 것은 무척 어려운 일이다. 그래서 고작 100그램을 가볍게 하기 위한 부품 교체에 수만 엔을 지불하는 사람이 있을 정도다. 그럴 바에야 자기 자신을 가볍게 만드는 것이 더욱 효과적인 경량화의 방법임은 두말할 나위가 없다. "부품을 바꾸기보다 다이어트를 해라!"라는 말은 로드바이크를 타는 사람들 사이에서 가장 흔하게 들을 수 있는 이야기다. 참고로 로드바이크의 자체 중량은 일반 자전거와 비교하면 놀랄 만큼 가벼워서 대개 10킬로그램을 넘지 않는다.

로드바이크를 타는 사람들의 식생활

앞에서 로드바이크를 타는 사람들이 대부분 날씬하다고 이야기했지만, 먹는 양은 정말이지 엄청나다. 모여서 불고기라도 먹으러 가는 날이면 고기 뷔페 같은 곳이 아니고서는 감당하기가 벅차다. 특히 달리고 난 후의 식욕은 '엄청나다'는 말로도 부족할 정도다.

장거리 라이딩 이벤트 중에 도쿄의 다카오에서 동해(일본해)까지 달리는 도쿄~이토이가와 패

도쿄~이토이가와 패스트 런을 완주한 뒤에 참여한 불고기
파티에서.

스트 런이라는 대회가 있다. 나도 몇 번인가 참여한 적이 있는데, 이토이가와에 도착한 다음 그곳의 호텔에서 숙박하는 것이 특징이다. 골인 후에는 모든 참가자들이 함께 불고기를 먹으러 간다. 300킬로미터를 달리고 난 직후이기에 불고기부터 디저트까지 메뉴에 있는 음식을 모조리 먹어 치울 듯한 기세로 달려든다.

　　성인 남성에게 하루에 필요한 열량은 2,000~2,500킬로칼로리지만, 투르 드 프랑스와 같은 로드 레이스에 참가하는 선수가 소비하는 열량은 무려 8,000킬로칼로리라고 한다. 선수들이 레이스 도중에 먹는 것은 칼로리 바 같은 보급식이다. 레이스 중계를 본 적이 있는 사람이라면 선수들이 이따금 저지 뒤쪽의 주머니에서 보급식을 꺼내 먹는 장면을 기억할 것이다.

　　투르 드 프랑스에 참가하는 선수들은 조금 극단적인 경우이겠지만, 내가 600킬로미터 부르베에 참가했을 때 먹은 것들도 크게 다르지는 않다.

출발 전(토요일 아침): 주먹밥 2개 + 바나나 주스
118킬로미터 지점(토요일 낮): 야키소바* 곱빼기 + 갈릭

햄버거

237킬로미터 지점(토요일 저녁): 규동* 곱빼기 + 시오네기 야키소바*

302킬로미터 지점(토요일 밤): 바나나 + 복숭아 젤리

360킬로미터 지점(일요일 아침): 규다마동* + 오뎅 세트

429킬로미터 지점(일요일 낮): 에클레르* + 복숭아 젤리

480킬로미터 지점(일요일 오후): 가쓰동*

540킬로미터 지점(일요일 저녁): 슈크림 + 오렌지 젤리

580킬로미터 지점(일요일 밤): 햄버그스테이크 도시락 곱빼기

여기에다 젤리 형태의 보급식 8개, 미니

야키소바 삶은 국수에 야채, 고기 등을 넣고 볶은 요리.
규동 일본식 쇠고기 덮밥.
시오네기 야키소바 야키소바의 한 종류로서, 잘게 썬 파를 듬뿍 넣고 소금으로 간을 한 요리.
규다마동 쇠고기 덮밥(규동)에 계란이 추가된 것.
에클레르 에클레르 오 쇼콜라éclair au chocolat를 줄여 부르는 말로, 가늘고 긴 슈에 커스터드 크림이나 휘핑 크림을 넣은 후 겉에 초콜릿을 입힌 디저트.
가쓰동 돈까스 덮밥.

양갱 여러 개, 콜라 작은 병 5개, 그리고 그 외의 음료수들까지 더하면 모두 몇 칼로리나 될는지. 하지만 이렇게 먹었어도 골인 후의 체중은 주행 전보다 200그램 정도가 늘어났을 뿐이었다. 장거리 라이딩이 얼마나 많은 에너지를 소모하는지 알 수 있을 것이다.

　　"다이어트 중"이라면서 장거리 라이딩 도중에 보급을 거의 하지 않는 사람들도 종종 있는데, 이는 생각보다 훨씬 위험한 행동이다. 굳이 레이스처럼 운동 강도가 센 경우가 아니더라도 몇 시간 동안 자전거를 타고 달릴 때 보급을 적절히 해주지 않으면 '행 녹hang knock' 상태에 빠지게 된다. 운동 중에는 체내에 비축되어 있던 글리코겐을 에너지원으로 삼게 되는데, 그 비축량이 2시간 정도의 분량밖에 되지 않기 때문이다. 글리코겐이 바닥나면 저혈당 상태가 되어 신체가 마비된 것처럼 나른해지고 손발이 움직여지지 않으며 의식도 멍해진다. 이런 상태로는 더 이상 달리는 것이 불가능하다.

　　서둘러 보급식을 섭취한다 해도 체내에 흡수되어 에너지로 쓰이려면 적어도 30분이 걸린다. 다시 정상적으로 달릴 수 있으려면 그 만큼의 시간이 소요되는 것이다. 수분 보급도 마찬가지다. 여름에는 꾸준히 수분을 공급해주어야 탈수증에 걸리는 것을 막을 수 있다. 수분 역시 마시고 나서 체내에 흡수되기까지 20분 정도가 걸린다. 그러므로 문제가 생기기 전에 미리미리 보급을 해주어야 하는 것이다.

정리하자면 행 녹 상태가 될 것 같은 느낌이 들었을 때는 이미 보급을 해도 너무 늦었다는 것이다. 에너지나 수분이 바닥나기 전에 잊지 말고 한 입씩이라도 먹고 마시면서 달리는 편이 훨씬 효과적이고 안전한 방법이다.

나는 장거리 라이딩에 참가할 때마다 휴대하기 편한 젤 형태의 보급식을 반드시 한 개 정도 등 뒤의 주머니에 넣고 출발한다. 요즘이야 대로변에 편의점들이 많이 들어서 있고 음료수 정도라면 시골에서도 자동판매기로 구입할 수 있지만, 만에 하나 산간 지역 같은 곳에 들어서서 보급할 방법을 찾을 수 없을 때를 대비하는 '보험'이 바로 등 뒤의 보급식인 것이다.

편의점은 신이다

평소에 달릴 때 주된 보급원은 편의점이다. 익숙한 코스라면 어디에 어느 편의점이 있는지를 꿰고 있어서 "오늘은 A편의점에서 고기만두를 먹어야지" 혹은 "B편의점에서 소프트 아이스크림을 먹자" 같은 생각을 하며 달리곤 한다.

목이 말라 탈진할 것만 같은 한여름이나 추위에 덜덜 떨며 달리는 한겨울, 처음으로 달리는 코스에서 발견한 편의점의 모습에는 후광이 비친다. 유명한 전차남 일화의 산실이기도 한 일본 최대의 자유게시판 사이트 2ch*의 자전거 코너에는 '편의점은 신神'이라는 게시판이 있는데, 이 게시판의 이름에 나 역시 진실로 공감한다.

편의점에서 판매하는 제품들 중에서 내가 보급식으로 자주 먹는 것은 뭐니 뭐니 해도 미니 양갱이

2ch 일본 최대 접속자 수를 자랑하는 사이트. 특정 테마를 가진 게시판들이 모여 있으며, 그 종류는 이루 헤아릴 수 없이 많다.

다. 자전거를 타는 사람들 가운데 특히 미니 양갱의 팬이 많다. 미니 양갱은 달리는 중에도 쏙 하고 한 입에 먹을 수 있는 장점이 있다. 물론 실패하면 손이 끈적끈적해지기는 하지만. 일상생활에서 양갱을 먹는 일은 1년에 한 번이 될까 말까 하겠지만, 자전거를 탄 뒤로 1년에 수십 개씩은 먹는 것 같다.

사실 자전거 보급식의 용도 이외에 양갱을 사먹는 사람을 본 적이 없다. 그럼에도 편의점 코너에 언제나 진열되어 있는 것을 보면 도대체 누가 사먹는 걸까 하는 의문도 든다. 아마 모든 스포츠 중에서 자전거를 타는 사람들이 양갱을 가장 많이 먹지 않을까.

미니 양갱 외에도 단팥빵, 도라야키,* 찹쌀떡처럼 당분을 보충해주는 식품이라면 무엇이든 좋다. 다만 슈크림이나 에클레르 같은 크림 형태의 과자는 기름이 너무 많이 들어 있어서 에너지 흡수에 썩 좋지 않은 것 같다. 하지만 그런 점을 알면서도 결국은 여차저차해서 사먹고 만다. "에너지 보급이니까"라는 명분

도라야키 둥글고 납작한 카스텔라 사이에 팥 앙금을 넣은 것.

을 앞세워 지나치게 많이 먹는 것은 아닐까 하는 생각도 들지만······.

애초에 '보급'이라는 말의 사용법부터가 재미있다. 자전거를 타는 사람들은 달리는 도중에 출출해지면 "배가 고프니까 밥을 먹읍시다"라고 하는 대신 "슬슬 보급합시다"라고 말한다. 음식을 먹는다기보다는 달리기 위해 필요한 에너지를 '보급한다'는 느낌이 강한 것이다. 나아가서는 일상생활에서도 편의점에서 뭔가를 살 때 "보급한다"는 표현을 쓰게 된다. 만약 주위에 "잠깐 편의점에서 보급이나······"라고 말하는 사람이 있다면, 아마도 자전거를 타는 사람이거나 아니면 마라톤처럼 지구력을 필요로 하는 스포츠를 좋아하는 사람일 것이다.

본격적으로 레이스에 참가하려는 사람들은 트레이닝을 마친 뒤에 따로 단백질을 섭취하기도 한다. 운동 후 30분 이내에 단백질을 보급하면 격한 운동으로 상처 입은 근육이 회복되고 증강된다고 한다. 나역시 그 정도까지는 아니지만 기진맥진할 때까지 달리고 나면 고기가 몹시 먹고 싶어진다. 요컨대 몸이 단백질을 원한다는 신호를 보내는 것이다.

인간의 몸이란 감탄스러울 만큼 너무나 잘 만들어져 있으면서도 참으로 정직한 것 같다. 정말로 단백질 보급 때문인지는 잘 모르겠지만, 달리고 나서 집으로 돌아가는 길에 밀려드는 허기를 이기지 못해서 편의점에 들러 후라이드 치킨을 와구와구 먹어버리는 일도 종종 있다. 칼로리 계산을 해볼까 하는 생각도 들었지만, 그건 그거고 이건 이거다. 많이 달린 후 공복 상태에서 먹는 음식은 누가 뭐라 해도 최고의 맛을 내는 법이다.

그러한 '보급' 외에도, 달리는 코스에서 마음에 드는 맛집을 발견하고 잠시 들르는 것 또한 장거리 라이딩의 묘미다. 내가 자주 달리는 오쿠타마 방면에는 맛있는 소바 가게가 몇 군데 있다. 조금 더 깊이 들어가면 스페어 립을 맛있게 하는 가게도 있다. 맛집을 찾고 또 들를 생각이 있다면 장거리 라이딩은 더욱 즐거워진다. 자동차를 탔더라면 보지 못하고 그냥 지나쳐버렸을 맛있는 식당들을 발견할 수 있는 것이다.

예를 들어 다마가와 자전거 도로를 달리는 사람들은 이시카와 주조*를 자주 찾곤 한다. 다마가와 강변의 홋사미나미 공원에서 몇 분 정도의 거리에 위치해 있으며, 넓은 부지 안에 이탈리안 레스토랑과 소바 가게가 들어서 있다. 햇살이 따사로울 때는 안뜰의 테이블에서 식사할 수 있으며, 자전거를 세워둘 수도 있어서 더욱 좋다. 나는 추울 때는 가모난반소바*를, 더울 때는 가모세이로*를 주문한다. 그리고 가끔은 이탈리안 레스토랑에서 피자나 파스타를 먹는다. 모르긴 해도 자전거를 타지 않았다면 내가 이런 식당에 올 일은 아마도 없었을 것이다.

그밖에 우라와의 갓 구워낸 카스텔라, 홋사의 도미빵,* 오쿠타마의 은어 소금구이 등, 일일이 다 열거할 수 없을 만큼 많은 맛집들을 자전거 덕분에 만났

이시카와 주조 홋사에 있는 양조장으로, 전통 술과 지역 특산 맥주를 직접 만들어 판매하고 있으며, 술을 맛볼 수 있는 레스토랑도 운영하고 있다.
가모난반소바 소바에 오리고기와 파를 넣은 요리.
가모세이로 가모난반소바를 차갑게 만든 것.
도미빵 우리나라의 붕어빵 같은 먹을거리.

다. 나 같은 식충이에게는 이런 맛집들을 발견하는 일이나, 어떤 맛집을 미리 알아본 후 그곳까지 자전거로 달려가는 일이 장거리 라이딩에서 얻을 수 있는 또 하나의 커다란 즐거움이다.

자동차와 공존하는 법을 배우자

내가 시내를 오갈 때 이용하는 교통수단은 대부분 자전거다. 로드바이크를 타기 시작한 뒤로는 자동차를 거의 타지 않게 됐다. 솔직히 말해서 자전거로 시내를 돌아다니다 보면 자동차가 몹시 싫어진다. 자전거를 타는 사람에게 자동차로 가득찬 시내의 교통 상황은 소름끼칠 정도로 지독한 탓이다. 물론 도로 사정이나 다른 요인들도 있겠지만.

자전거로 일반 도로를 달릴 때는 자동차와의 공존을 심각하게 고려해야만 한다. 자전거와 자동차, 어느 쪽에 잘못이 있다 해도 일단 사고가 나면 자전거 쪽이 훨씬 큰 타격을 받기 때문이다.

"왼쪽으로 나갑니다"라는 의미의 핸드 사인: 동작이 분명하지 않으면 뒤쪽의 자동차 운전자가 식별하기 어렵다. 과감하게 왼팔을 바깥쪽으로 쭉 뻗자. 핸드 사인을 보내기 전에 자동차 운전자와 눈을 마주칠 수 있다면 더욱 안심이다.

"자전거가 너무 싫은 나머지 자전거가 앞에서 달리고 있으면 반드시 경적을 울린다"는 사람도 있기는 하겠지만, 대부분의 경우 운전자가 경적을 울리는 이유는 두 가지다. 하나는 자전거가 어떻게 움직일지 예상할 수 없을 때고, 다른 하나는 자전거가 예상 밖의 움직임을 보일 때다.

이를 피하기 위한 방법이 바로 핸드 사인, 이른바 수신호다. 처음에는 괜히 야단법석을 떠는 것 같아서 창피하게 느껴질 수도 있겠지만, 꽤나 유용한 방법이니 부끄럽게 생각하지 말고 적극적으로 사용해보자.

자동차 운전자에게 보내는 핸드 사인은

한 가지만으로 충분하다. 바로 "왼쪽으로 나갑니다"라는 사인이다. 노상 주차되어 있는 차를 피하기 위해 도로 중앙 쪽으로 나갈 때 쓰는 것인데, 왼손을 수평으로 해서 바깥쪽으로 뻗기만 하면 된다. 핸드 사인을 보내기 전에 고개를 돌려 운전자와 눈을 마주칠 수 있다면 효과는 100퍼센트다.

눈을 마주치지 못하더라도 후방 확인을 한 뒤, 핸드 사인을 보내고, 왼쪽으로 나가는 순서로 움직인다면 뒤에 있는 운전자도 당황하지 않을 것이다. 시내의 평균 속도에서라면 자동차 운전자도 브레이크를 밟지 않고 액셀러레이터를 조금 느슨히 하는 것만으로 자전거가 별 탈 없이 지나가도록 할 수 있다.

만약 핸드 사인을 보내는 타이밍이 조금 늦어서 뒤에 있는 자동차가 브레이크를 밟았다고 판단되면, 다시 오른쪽으로 들어갈 때 가볍게 손을 들어주면 된다. "미안합니다"라는 의미다. 이 핸드 사인 하나만으로도 노상 주차가 많은 도로에서 자동차와의 커뮤니케이션 지수가 급격히 올라갈 것이므로, 꼭 실행해보도록 하자.

그리고 한 가지 더. 시내 도로를 달릴 때는 "언제나 공간을 확보한다"는 수칙을 반드시 잊지 말아야 한다. 예를 들어 신호 대기 상태에서 자동차의 옆을 지나 앞으로 나가려고 했지만, 마침 오토바이가 서 있어서 지나갈 수 없게 된 상황을 상상해보자. 앞에는 오토바이, 왼쪽에는 자동차, 그리고 오른쪽에는 가드레일이 버티고 있어서 3면이 막히게 된다. 뒤쪽에 다른 오토바이나 자동차가 있기라도 하면 4면이 모두 막히는 것이다. 이렇게 되면 빠져나갈 구멍이 없다.

　　이런 상황에서 그대로 달리다가 교차로에 진입하면 사고가 일어날 확률이 높다. 이럴 때에는 아예 '1대의 차량'으로서 자동차 행렬의 사이에 들어가버리는 편이 더 낫다. 즉 차선의 폭만큼을 나의 공간으로 확보하는 것이다. 또한 차선의 한가운데로 들어가면 어찌됐든 뒤쪽 운전자의 시야에 들어가게 된다. 자전거가 운전자의 눈앞에 나타나면 어지간히 부주의하거나 악의가 있지 않는 한 자전거를 들이받지는 않는다. 앞쪽 자동차의 움직임에 맞추어 차량 거리를 확보한 뒤 출발하면 된다.

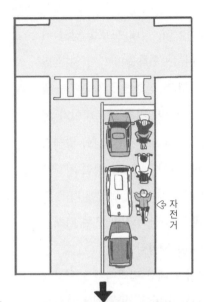

자전거

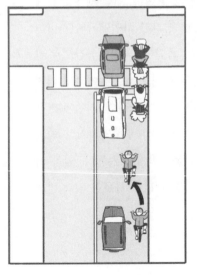

교차로 진입 요령: 위쪽 그림과 같은 상황에서는 피할 공간이 없어서 위험하다. 이럴 때는 아래 그림과 같이 아예 차선 하나를 확보하면서 교차로에 진입하도록 하자. 교차로를 건넌 뒤에는 신속하게 오른쪽으로 다시 빠져나오는 것을 잊지 말기를.

이런 방식으로 교차로에 들어서면 우회전하는 자동차에 휩쓸릴 일이 없다. 어설프게 갓길을 아슬아슬 달리다가 교차로에 들어서면, 뒤쪽에서 추월해 들어오는 자동차의 페이스에 휘말려 의도와는 전혀 다르게 급히 우회전해버리게 되는 것이다. 물론 위의 방식을 시도하려면 일정한 속도를 낼 수 있는 다리 힘이 필요하고, 교차로를 지난 다음 재빨리 오른쪽으로 붙어 뒤따라오는 자동차에게 길을 내줄 수 있는 스킬도 필요하다. 꼭 이런 방식을 따르지 않더라도 언제나 자신의 다리 힘에 맞추어 피할 수 있는 공간을 확보하면서 달려야 한다는 것만은 잊지 말도록 하자. 벌벌 떨면서 갓길을 움츠리듯 달리는 쪽이 오히려 더 위험하다는 사실도 알아두기를.

　　　같은 이유에서, 나는 교외의 간선 도로를 달릴 때에도 도로 끝에서 1미터 정도 안쪽으로 들어와서 달린다. 황색 선이 그어져 있으면 선으로부터 왼쪽으로 30센티미터 정도 되는 지점이다. 이것은 장거리를 여러 번 달려본 경험에 비추어 내 나름대로 고안해낸 방식이다. 이 주행 라인을 따라 달리게 되면, 내 뒤의 자동

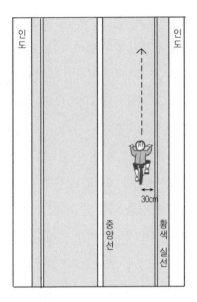

간선도로에서의 주행 라인: 도로의 가장자리는 움푹 꺼지거나 장애물이 있는 경우가 많기 때문에, 인도 쪽으로 지나치게 붙어서 달리지 않도록 하자. 황색 실선을 기준으로 중앙선 방향으로 30센티미터 정도 들어와서 달리는 것이 좋다.

차는 맞은편 도로에서 차량이 오고 있을 경우에 조금 더 신중해져야만 내 자전거를 추월할 수 있다. 오히려 자동차가 자전거를 의식하게 되는 것이다. 자전거 역시 뒤에 자동차가 따라온다는 것을 알게 되면 이 주행 라인에서 좀 더 오른쪽으로 이동해주어야 한다.

　　　무엇보다 자동차 운전자에게 "자전거가 비켜줬다"는 인상을 심어주는 것이 포인트다. 갓길에 가까이 붙어서 달리다 보면, 갓길의 노면이 거칠어져서 더 이상 오른쪽으로 이동할 수 없는 경우도 많다. 이럴 때 자동차 운전자는 "추월하려는데 이 자전거는 비켜줄 생각을 않는군" 하고 느낀다고 한다. 하지만 처음부터 오른쪽에 여유 공간을 두고 달리다가 뒤에 자동차가 따라올 때에 살짝 비켜나서 "내가 양보했다"는 인상을 주게 되면, 운전자도 서두르지 않고 조심스럽게 추월하게 된다. 또한 이 주행 라인을 따라 달리더라도 맞은편 도로가 비어있다면 뒤의 자동차는 그대로 왼쪽으로 비켜서 자전거를 추월할 수 있다. 내가 경험한 바로는, 오히려 갓길 달리기를 어설프게 하고 있을 때 자전거에 닿을락 말락 위험하게 추월하는 자동차가 더 많은 것 같다.

　　　물론 이 주행 라인으로 달리다가 오른쪽으로 비켜주더라도 굳이 자전거에 바짝 붙어서 추월해 가는 자동차들도 있다. 그럴 때에는 완전히 갓길로 피하는 것이 낫다. 그보다 더 최악인 경우에는 주저하지 말고 도로 가장자리에 정지하도록 하자. 아무리 화가 나더라도 목숨과 맞바꿀 수는 없는 일이니까.

자전거로 달려본 경험이 없는 사람들에게는 지금까지 이야기한 내용이 그리 쉽게 와 닿지 않을 것이다. 만약 숙달된 사람과 함께 달릴 기회가 있다면, 그 사람의 주행 방식과 라인 잡는 법 등을 유심히 관찰해서 그대로 따르는 것이 더 빠른 길이다. 그저 앞 사람의 등만 보며 따라가지 말고, 어떤 타이밍에 어떤 라인을 택해 달리는지, 어느 순간에 어떤 핸드 사인을 보내는지를 잘 살펴보자. 자전거 타기에 숙달된 사람이라면 정말 매끄러우면서도 가장 합리적인 라인을 골라 달릴 것이다.

일반 도로가 아닌 자전거 도로에서도 마찬가지다. 어느 시간대에 어떤 구간은 아이들이 많으니까 주의해야 한다든지, 이른 아침 개를 데리고 산책 나오는 사람이 많은 구간은 어디라든지 하는 것들에 대해 차츰차츰 알게 될 것이다. 실제로 강변의 공원에서 야구나 축구를 하던 아이들이 자전거 도로 쪽으로 자주 넘어오는 시간대와 구간이 따로 있다. 어떤 일에서든 주의력과 관찰력이 부족하면 경험치는 좀처럼 올라가지 않는 법이다.

긴장감이 본능을 일깨운다

로드바이크를 타고 달릴 때는 언제나 일정한 긴장감이 따른다. 정신을 항상 예리하게 갈고 닦는 구도자 같은 자세까지야 필요하지 않지만, 폭이 20밀리미터 정도밖에 되지 않는 고압 타이어에 의존해 시속 30~40킬로미터의 속도로 달리려면 어느 정도의 긴장감을 가지고 있어야 사고를 막을 수 있다.

　　　긴장감은 분명 로드바이크가 선사하는 즐거움 가운데 하나지만, 현실의 도로 위에서는 리스크를 피하기 위해 반드시 갖추어야 할 자세이기도 하다. 주행 거리가 길어질수록 리스크 또한 커진다. 어떤 측면에서 로드바이크로 달린다는 것은 이러한 리스크의 가능성을 스스로 받아들이는 것이라고 생각한다.

앞서 이야기했듯이 나는 왕복 25킬로미터 정도를 자전거로 출퇴근하고 있는데, 통근 시간대의 도심 도로에 존재하는 리스크들은 그야말로 첩첩산중이다. 수많은 자동차들과 나란히 달리면서 노면의 요철과 낙폭, 낙하물 등을 피하고, 우회전하는 자동차에 휩쓸리지 않도록 주의하며 교차로를 가로지르고, 골목에서 나오는 자동차에 신경 쓰다 마침 뛰어드는 보행자 때문에 깜짝 놀라기도 한다. 특히 역 앞 같은 곳은 통근 및 통학 자전거들까지 종횡무진 이리 달리고 저리 달리는 탓에 '카오스' 그 자체다.

휴일의 교외 코스라면 시내보다는 낫겠지만 도로 위를 달리는 한 긴장감을 늦출 수 없다는 점에서 기본적으로 차이가 없다. 오히려 오직 '달리는 것' 만을 목적으로 교외 코스에 나간다면 평소보다 더 빠른 속도로 달린다는 리스크까지 더해진다. 특히 언덕의 내리막길 같은 곳에서는 코너의 노면 상태에 상당한 주의를 기울여야 한다. 코너의 아래쪽 지점에 자갈이라도 깔려 있으면 한 순간에 굴러 떨어질 수도 있다. 오토바이를 타는 사람을 제외한다면, 시속 50킬로미터로 도로에 내

팽개쳐지는 위험 상황을 만나는 일은 결코 흔치 않을 것이다.

　　모든 스포츠는 많든 적든 사고와 부상, 고장과 같은 나름의 리스크들을 가지고 있다. 그런데 이 스포츠들을 한데 모아 왼쪽 끝으로 갈수록 안전하고 오른쪽 끝으로 갈수록 위험한 그래프를 작성해본다면, 로드바이크는 중간보다는 오른쪽에 위치할 것이다. 결국 로드바이크를 탄다는 것은 위에서 언급한 리스크들과 '고속으로 이동하는 쾌감'을 맞바꾸는 것이라고 할 수 있다. 따라서 가장 중요한 것은 항상 세심한 주의를 기울여 최대한 안전한 조건에서 그러한 쾌감을 즐길 수 있는 타협 지점을 찾는 것이라고 할 수 있겠다.

　　언제나 오감을 열어 두고, 주변의 움직임을 예측하며, 자신이 취해야 할 행동을 순간적으로 판단해 실행한다. 이러한 과정을 일상적으로 되풀이하다 보면 인간으로서의 근본적인 생명력 같은 것이 점점 강해진다. 어떻게 해야 리스크를 줄일 수 있을지, 어떻게 해야 위기를 모면할 수 있을지, 그리고 최악의 경우를 만났을 때 어떻게 해야 피해를 최소화할 수 있을지 등, 로드바이크는 인간에 잠재되어 있던 동물적인 감각을 되살릴 수 있도록 해준다.

살아가다 보면 어느 정도의 리스크는 언제나 주변에 도사리고 있다. 도저히 예상하지 못했던 일들도 벌어지기 마련인 것이다. 그러나 "한 번도 생각해보지 못했던 일도 얼마든지 일어날 수 있다"고 기꺼이 받아들일 수 있는 강인함과, 어떠한 위험 앞에서도 "어찌해야 할지 모르겠다"는 사고 정지 상태에 빠져들지 않는 침착함이, 로드바이크를 타는 동안 나에게 길러진 것 같다.

익숙함 속에 숨어 있는 풍경들

달리는 것에 꽤 능숙해져서 "슬슬 조금 먼 곳까지 나가볼까" 하고 생각하는 사람들로부터 좋은 코스를 추천해달라는 부탁을 받곤 한다. 나는 그럴 때마다 "자동차나 열차를 타고 갔을 때 가장 마음에 들었던 곳, 아름다웠

▌필자의 단골 주행지인 오쿠타마 지역.

던 풍경들을 다시 한 번 보러 가라"고 말해준다. 대부분의 사람들은 "한 번 갔던 곳에 다시 자전거를 타고 가는 것이 뭐가 즐거울까?" 하고 고개를 갸웃거린다. 하지만 실제로 다녀온 뒤에는 내 말의 의미를 이해하게 되는 것 같다.

예전에 자동차나 열차로 갔던 장소들은 '자동차가 아니면 갈 수 없는 곳', '열차를 타고 갈 만한 거리' 라고 생각해 왔을 것이다. 하지만 절대로 그렇지 않다. 자동차로 긴 시간을 가야 했던 곳에 로드바이크를 타고 더 빠르게 도착할 수도 있다. 쉽게 시험해볼 수 있는 방법은 휴일에 자신의 근무지까지 자전거로 가보는 것이다. (휴일에 회사에 간다는 것 자체가 좀 난감하기는 하지만) 집의 현관을 나서 회사에 도착할 때까지 평소 한 시간 정도가 걸렸다면, 자전거로도 거의 같은 시간에 혹은 그보다 더 빨리 도착할 수 있을 것이다.

자신이 사는 곳과 근무지 사이에 생각보다 훨씬 다양한 풍경이 숨어 있다는 것. 만약 그 곳이 도쿄라면, 도쿄의 거리에 의외로 꽤 많은 언덕이 있다는 것. 한 번도 내려 본 적 없던 역의 부근에 분위기 좋은

| 오키나와에서 만난 바닷가 풍경.

찻집이 있다는 것. 이러한 여러 가지 사실들을 새롭게 알게 된다. 비록 지긋지긋한 회사가 있는 동네라고 해도, 자전거를 타고 달려본다면 예전에 알았던 것과는 전혀 다른 풍경들을 발견할 수 있을 것이다.

자, 이제 100킬로미터를 달려보자. 우선은 100킬로미터다. 0킬로미터의 미터기로 출발해서 돌아왔을 때 100킬로미터 이상이 찍혀 있다면, 분명히 "해냈다"는 성취감을 맛볼 수 있을 것이다.

어린아이였던 시절, 통지표에 "한다면 하는 아이"라는 선생님의 의견이 적혀 있었던 사람들이 많지 않을까? 비단 어린 시절의 이야기만은 아니다. 누구에게나 "충분히 할 수 있지만 하지 않는 일"은 생각보다 많은 법이다. 흥미가 전혀 없는 일이라면 어쩔 수 없다. 하지만 조금이라도 관심이 있다면 꼭 한 번 도전해보자. "귀찮아서" 혹은 "시간이 없어서"와 같은 변명이라면 차고 넘친다. 막상 실행해보면 싱거우리만치 간단한 일이다. 100킬로미터는 정확히 바로 그 만큼의 거리다.

제3장

200킬로미터를 달린다

사이클링 이벤트에 도전해보자

100킬로미터 정도의 거리를 여러 번 달려서 자신감이
제법 붙었다면 사이클링 이벤트에 참가해보자.

　　　　요즘 일고 있는 장거리 라이딩 붐 덕분에
다양한 장거리 라이딩 이벤트가 전국 방방곡곡에서 열
리고 있다. 대부분은 100마일을 달리는 '센추리 런
century run'인데, 킬로미터로 환산하면 160킬로미터가
된다. 센추리 런은 레이스가 아니기 때문에 순위를 매기
지 않고, 제한 시간 안에만 완주하면 모두 동등한 대우
를 받는다. 제한 시간은 일반적으로 8시간이다. 규모가
큰 대회는 완주했다는 사실을 인정하는 증명서도 발급
해주며, 하프 센추리 코스(80킬로미터 코스)가 따로 마련
되어 있는 경우도 있다. 우선 대략적인 코스를 살펴본

다음 오르내림이 심한 코스에 자신이 없는 사람은 하프 센추리부터 시작해도 좋을 것이다.

만약 160킬로미터를 한 번도 달려본 적이 없더라도 크게 걱정할 필요는 없다. 100킬로미터를 여러 번 달려본 사람이라면 160킬로미터도 충분히 달릴 수 있기 때문이다. 여럿이 함께 달리면 기분이 한껏 고양되어서 평소보다 더 잘 달리게 될 뿐만 아니라, 이벤트의 규모가 클 경우 주최 측에서 회송 차량을 준비하기 때문에 만일의 사태가 발생했을 때 신세를 질 수도 있다.

참가자들의 자전거는 로드바이크가 많은 편이지만 MTB나 크로스바이크, 미니벨로 등 다양한 종류의 자전거들도 볼 수 있다. 리컴번트처럼 희귀한 자전거도 등장하기 때문에 각종 자전거들을 구경하는 것만으로도 눈이 즐겁다. 참가자의 구성도 남녀노소를 가리지 않는다.

물론 참가비까지 지불해가며 굳이 이런 이벤트에 참가하는 의미를 모르겠다는 사람도 있을 것이다. 나 역시 혼자서 달리거나 마음 맞는 몇 명과 함께

MTB: Mountain Bike의 줄임말. 산악이나 비포장도로를 달리
는 데 특화된 자전거. 일자형 핸들, 두꺼운 프레임과 타이어,
충격 흡수용 서스펜션 등의 특징을 가지고 있다.(그림 위)
크로스바이크: 로드바이크와 MTB의 중간 형태로 '하이브리드
자전거'라고도 불린다. 로드바이크의 날렵한 차체에 MTB의
튼튼한 바퀴를 가지고 있어서 일반적인 도심 주행에 많이 사용
된다.(그림 아래)

미니벨로: 16인치, 20인치 등의 작은 바퀴를 가진 소형 자전거. 접이식 모델도 있다.(그림 위)

리컴번트: 등을 뒤로 기댄 자세로 달리는 자전거. 등과 허리에 무리가 적으며, 매우 빠른 속도를 낼 수 있다.(그림 아래)

달리는 것을 더 선호하는 편이지만, 많은 참가자들과 같은 코스와 같은 시간을 공유하며 달리는 이벤트는 또 다른 즐거움을 선사해준다. 이것은 실제로 참여해보지 않으면 쉽게 이해하기가 어렵다.

이벤트에 처음 참가하는 사람은 아무리 둘러봐도 다른 사람들 모두가 자기보다 빠를 것 같아서 주눅이 들기 마련이다. 사이클링 저지에 헬멧과 고글을 모두 갖추고 여유 있게 자전거 안장에 올라타는 것을 보고 "굉장히 빠를 것 같다"고 느끼는 것이다. 그런 생각을 하고 있는 자신 역시 같은 차림이라는 사실을 잊고서 말이다. 그러고는 "내가 제일 느리지 않을까?" 혹은 "꼴찌로 들어오면 어쩌지?" 하며 불안해 한다.

하지만 몇 킬로미터만 달리다 보면 그런 걱정은 조금도 할 필요가 없었다는 것을 깨닫게 될 것이다. 대수롭지 않은 오르막에서 뒤처지는 사람, 내게는 평소의 속도일 뿐인데도 그것을 따라오지 못하는 사람들을 쉽게 발견할 수 있다. 그렇다. 세상에는 약간 무모한 일을 감행하는 사람들이 꽤 있는 법이다.

오히려 센추리 런이 아직은 버거울 것이라고 망설이다 포기해버리는 사람들이야말로 1년이나 2년 뒤에 반드시 후회하게 된다. 훗날 돌이켜 보면, 자신이 완주할 수 있을지 없을지 불안한 심정으로 두근거리며 참가할 때가 가장 즐거운 법이다. 센추리 런이 자신에게 도전의 대상일 때 달려야만 그 나름의 즐거움을 느낄 수 있기 때문이다. 즉 센추리 런을 즐길 수 있는 시기는 극히 찰나의 순간이다. 로드바이크를 타기 시작한 지 1~2년이 지나면 160킬로미터 정도는 평소처럼 달려도 하루에 끊을 수 있는 거리가 되고 만다. '두근거리는 마음'으로 달리는 일이란 이미 요원해지는 것이다.

　　　　그저 많은 참가자들과 함께 달리며, 도전 그 자체를 즐겨보자. 완주할 수 있다면 그것만으로 충분하다. 설령 완주에 실패한다고 해도 권토중래의 마음가짐으로 다시 도전하면 결과적으로 '두근거리는 마음'을 두 번이나 음미할 수 있다. 스포츠를 일상적으로 하고 있는 사람이 아니라면 이러한 육체적 도전의 기회는 좀처럼 흔치 않다. 아직은 자신이 없더라도 도전이 가져다주는 흥분을 만끽해보자. 충분히 완주할 수 있다는 것을 미리 알고 달리는 것보다 훨씬 큰 즐거움을 안겨줄 테니까.

대부분의 장거리 라이딩 이벤트에서는 코스의 중반을 넘어서면서부터 참가자의 실력에 따라 몇 개의 그룹이 형성된다. 내 곁에서 달리는 사람들은 모두 나와 비슷한 정도의 다리 힘을 갖고 있다는 뜻이다. 지독한 언덕길을 힘겹게 오르다 문득 주위를 둘러보면, 꽤나 많은 사람들이 나처럼 필사적으로 오르고 있다는 것을 알게 된다. 오르막에서는 조금 뒤처지지만 평탄한 길에서는 굉장히 빠른 사람들도 있고, 아주 짧은 시간만 휴식을 가져도 원래의 페이스대로 산뜻하게 달릴 수 있는 사람들도 있다. 소요 시간은 엇비슷해도 모두가 저마다의 페이스가 있고 다리 힘도 다 다르다는 사실은 참으로 재미있다. 비슷한 다리 힘을 가진 사람들과 때로는 은밀한 라이벌 의식을 불태우고, 때로는 사이좋게 대화를 주고받으며 달리기도 한다. 이것이 장거리 라이딩 이벤트에서 느낄 수 있는 참된 묘미다.

무사히 골인하고 난 뒤에는 오늘 만난 자

전거 동지들과 서로의 건투를 치하하는 대화의 마당이 열린다. "그 오르막길은 너무 힘들었어요"라든지 "그곳에서 보았던 경치는 정말 멋졌지요" 같은 이야기로 분위기는 금세 활기차진다. 같은 시간, 같은 거리, 같은 코스를 함께 달렸기에 나눌 수 있는 즐거움이다.

이러한 '동지'들과 다른 장거리 라이딩 이벤트에서 다시 만날 것을 약속하거나, 만약 사는 곳이 가깝다면 종종 함께 달리자고 약속해보자. 그렇다. 이벤트에 참가한다는 것은 곧 나와 같은 실력의 자전거 동지들을 만들 수 있는 좋은 기회인 것이다.

투르 드 오키나와의 파란만장 첫 경험

내가 처음으로 참가했던 장거리 라이딩 이벤트는 매년 11월 오키나와에서 열리는 '투르 드 오키나와Tour de Okinawa'의 프로그램 중 하나인 '본도本島 일주 센추리 라이드'였다. 처음 참가했던 2003년에는 '본도 일주 사이클링'이었는데, 2006년부터 지금과 같은 명칭으로 바

꿰었다. 이 이벤트의 코스는 1박 2일 동안 오키나와 본도를 일주하는 것으로, 첫날의 180킬로미터와 둘째 날의 150킬로미터를 합쳐 총 330킬로미터를 달린다.

투르 드 오키나와는 일본과 외국의 프로 선수들이 참가하는 국제 레이스, 아마추어를 위한 50, 85, 135, 200킬로미터의 시민 레이스, 그리고 본도 일주 센추리 라이드 등 다양한 사이클링 이벤트로 이루어져 있다. 자세한 정보는 투르 드 오키나와의 공식 웹사이트(http://tour-de-okinawa.jp)를 참고하기 바란다.

레이스 부문은 취미 레이서들이 평소 경험하기 어려운, 즉 많은 도로들을 봉쇄한 뒤에 진행되는 본격적인 레이스로 '취미 레이서의 고시엔甲子園*'이라고도 불린다. 본도 일주 센추리 라이드는 장거리 라이딩 애호가라면 누구나 한 번쯤 참가해보고 싶어 하는, 일본 내에서 손꼽히는 이벤트다. 본도 일주 외에도 아이들과 함께 참가할 수 있는 단거리 코스나 다른 섬들을 둘러볼

고시엔 일본 전국 고교 야구 대회를 가리키며, 오사카에 위치한 고시엔 구장에서 열리기 때문에 이렇게 불리게 되었다. 일본의 고교 야구 선수들에게는 '성지'와 같은 곳이다.

수 있는 1박 2일 코스도 마련되어 있다. 다양한 코스뿐만 아니라 오키나와에서만 접할 수 있는 친근한 분위기와 극진한 대접으로도 인기가 높다.

나는 2003년 아내와 둘이서 이 이벤트에 처음 참가했다. 우리 부부는 2002년에 오키나와에 놀러 갔다가 이 섬의 친숙한 분위기에 푹 빠져버렸고, 그 후 완전히 오키나와의 팬이 되어버렸다. 그래서 이듬해 여름휴가 때 다시 한 번 오키나와를 찾아갔다.

그 무렵 우리 부부는 '자전거 통근주의자'인 히키타 사토시* 씨가 쓴 책에 감화되어 이른 봄부터 자전거 출퇴근을 하기 시작했고, 자전거의 즐거움을 조금씩 알아가고 있던 참이었다. 우리는 호텔에서 빌린 자전거로 해안선을 따라 달렸다.

히키타 사토시 방송국 PD로 일하고 있으며, 자신의 홈페이지에서 '쓰키니스트ツーキニスト' 즉 '자전거로 통근하는 사람'이라는 용어를 처음으로 만들어 사용했다. 쓰키니스트는 일본어로 통근通勤을 '쓰킨'으로 읽는 데서 연유한다.

오키나와의 해안을 자전거로 느긋하게 달리는 일은 뭐라 말할 수 없이 행복했다. 그때까지 몇 번이나 자동차를 타고 지나가며 바라보았던 바닷가의 풍경이었지만, 자전거 안장 위에서는 완전히 새로운 느낌으로 다가왔다. 무엇보다 바닷바람을 맞으며 해안을 달리고 있으려니, 어쩐지 조만간 놀라운 일이 찾아올 것만 같은 예감이 들었다.

호텔에서 빌린 자전거가 관리가 제대로 안 된 탓인지 잔뜩 녹이 슬어 있었던 것이 유일한 불만이었다. 체인의 녹슨 금속들이 서로 부딪힐 때 나는 소리가 한껏 고조되어 있던 기분을 조금이나마 깎아내렸으니까. 다음에 올 때는 우리 자전거를 가져와서, 이곳저곳을 좀 더 달려보자는 이야기를 도쿄로 돌아오는 비행기 안에서 주고받았던 기억이 난다. 그런데 그 '다음 기회'는 생각보다 훨씬 빨리 찾아왔다.

오키나와의 해안을 자전거로 달렸던 기억이 여전히 선명하게 남아 있던 무렵, "오키나와에서 11월에 큰 자전거 이벤트가 열린다"는 소식을 접하게 되었다. 인터넷에서 검색해보니 투르 드 오키나와라는 대회였다. 레이스 부문, 사이클링 부문 등 투르 드 오키나와에 대한 정보를 주욱 읽어 내려가다가, 본도 일주 사이클링이라는 항목을 발견했다. 오키나와의 바닷가를 끝없이 달릴 수 있다는 설명에, 우리 부부는 단번에 들떠버렸다. 그리고 "오키나와 본도를 자전거로 일주하고 싶다"는 욕망이 점점 저항하기 어려울 만큼 강렬해졌다. 하지만 오키나와 본도 일주는 330킬로미터였다. 무려, 330킬로미터라니!

사실 이때까지 우리 두 사람은 100킬로미터조차 달려본 적이 없었다. 그래서 330킬로미터는 물론이고, 첫날 달려야 하는 180킬로미터도 상상을 뛰어넘는 수준이었다. 180킬로미터든 330킬로미터든 우리에게는 그저 '멀고도 먼' 거리일 뿐이었고, 그 거리가 실제로 어느 정도인지 감을 잡는 것조차 불가능했다.

"정말 참가해도 괜찮을까?" 하는 생각이 잠시 머릿속을 스쳤지만, 정신을 차렸을 때는 이미 홈페이지의 참가 신청 버튼을 클릭하고 있었다.

당시 아내는 자전거 출퇴근용으로 크로스

바이크를 구입해서 타고 있었다. 8만 엔 정도의 가격이었던 그 크로스바이크는 우리 부부에게 '터무니없는 고급 자전거'였기 때문에, 아내는 마치 어떤 계시라도 받은 것처럼 열심히 타고 달렸다. "좋은 자전거를 타면 이렇게 잘 달릴 수 있구나!" 하며 감동하던 기억도 난다. 나는 3만 엔을 주고 산 MTB를 어쩌다가 한 번씩 타고 있었다.

본도 일주 센추리 라이드를 신청한 뒤에 인터넷을 통해 이런저런 정보를 수집해가면서 그 이벤트가 얼마나 대단한 것인지, 그리고 완주했을 때 얼마나 감동적인지 등을 알 수 있었다. 그러나 조사하면 할수록 우리가 얼마나 어처구니없이 무모한 일을 저질러버렸는지도 깨닫게 되었다.

"그래, 좋다. 이왕 이렇게 된 거 자전거만이라도 잘 달리는 녀석으로 바꾸자." 실력이 안 되면 장비에 의존하는 수밖에 없다고 생각했던 것이다. 나는 로드바이크를 사야겠다고 결심했다. 고백하자면, 그날의 결심이 내가 로드바이크와 만나게 된 계기였던 셈이다.

"다음 달에 열릴 투르 드 오키나와의 본도 일주에 나갈 예정이어서, 로드바이크를 사고 싶은데요……."

대회가 한 달 정도 남았을 무렵, 부근의 자전거 샵을 찾아가 다짜고짜 말을 꺼냈다. 그 샵의 젊은 스태프는 기가 막힌다는 표정을 노골적으로 지으면서도 몇 대의 자전거를 후보로 추천해주었다. 그 자전거들 중에서 비교적 디자인이 수수했던 12만 엔짜리 엔트리 모델, 인터맥스 사의 RAYS가 내 생애 최초의 로드바이크로 낙점됐다. 25년 만에 잡아보는 드롭 핸들 자전거! 달리기 시작하자마자 감탄사가 절로 터져 나올 만큼 멋진 물건이었다.

그로부터 한 달 동안, 주말마다 다마가와 자전거 도로를 달렸다. 330킬로미터가 얼마나 먼 거리인지는 상상도 되지 않았지만, "첫날의 180킬로미터는 어떻게 해볼 수 있지 않을까?" 하는 생각이 희미하게나마 들 정도의 수준은 되는 것 같았다. 하지만 그래봐야 내가 달려본 최장 거리는 고작 180킬로미터의 절반인

90킬로미터.

"절반까지는 충분히 달릴 수 있으니까, 그 이상도 분명히 괜찮을 거야"라며 아무렇지도 않게 말했지만, 돌이켜보면 아무런 근거 없는 믿음으로 스스로를 안심시키고 있었던 것뿐이었다. "어떻게든 되겠지" 하고 수없이 되뇌었지만, 정작 마음속으로는 조마조마한 날들이었다.

본도 일주 센추리 라이드는 이벤트 전날인 금요일 밤에 등록 및 설명회를 갖는다. 우리는 금요일 하루 휴가를 내서 오전 비행기로 오키나와에 도착했다. 나하에서 렌터카를 타고 나고에 도착한 뒤, 본도 일주 센추리 라이드의 출발 지점이자 설명회가 열리는 장소인 나고 시민 회관으로 향했다. 참가 신청자는 200명 가량이었고, 주최 측에 따르면 처음 참가하는 사람은 전체의 3분의 1 정도라고 했다. 나머지는 두 번 이상 참가하는 사람들이었으며, 제1회 때부터 빠짐없이 참가하고 있는 사람들도 꽤 있었다.

투르 드 오키나와는 1987년 열린 가이호

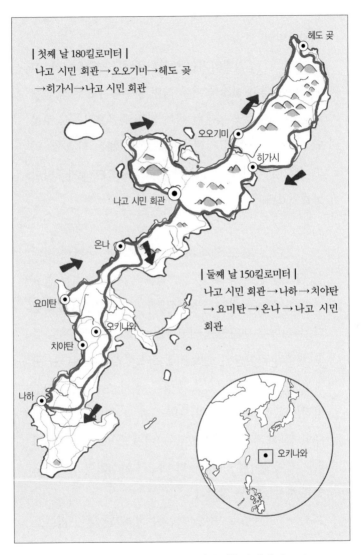

첫째 날 180킬로미터
나고 시민 회관→오오기미→헤도 곶
→히가시→나고 시민 회관

헤도 곶

오오기미

히가시

나고 시민 회관

온나

둘째 날 150킬로미터
나고 시민 회관→나하→치야탄
→요미탄→온나→나고 시민
회관

요미탄

오키나와

치야탄

나하

오키나와

지도 1_ 투르 드 오키나와의 '본도 일주 센추리 라이드' 코스

코쿠타이*를 기념하기 위해 그 이듬해부터 시작된 이벤트로, 2003년 당시 15회를 맞았으며 2009년에는 21회 대회가 열릴 예정이다. 현지 참가자들도 제법 있었지만, 대부분은 일본 전역에서 오키나와까지 자전거를 가져와서 300킬로미터 이상 달려보겠다는 의지를 불태우는 사람들이었다. 다들 피부가 햇볕에 그을린 데다 몸매도 날렵해보여서 우리 부부는 금세 주눅이 들었다. 설명회에서는 코스에 대한 개괄을 비롯해 휴식 포인트와 제한 시간 등을 알려주었고, "내일 오후는 좀 고될 거예요", "녹초가 된 분들이 보이면 즉시 돌려보낼 겁니다"와 같은 일종의 경고 멘트도 있었다. 우리와는 어울리지 않는 엉뚱한 곳에 와 있는 것은 아닌지, 그저 허탈한 웃음만 나왔다.

　　　달리기도 전부터 큰일 났다고 생각하며 호텔로 돌아오고 있는데, 우리처럼 대회에 참가하는 것으로 보이는 일행을 마주쳤다. 이야기를 나눠보니 역시

가이호고쿠타이　1987년 오키나와 현과 나가노 현에서 개최된 제42회 국민 체육 대회.

본도 일주에 참가하는 사람들이었다. 작년에도 참가했고 올해가 두 번째라고 했다. 그들은 "농담이 아니에요. 정말 힘들어요"라고 겁을 주었다. 우리는 더욱 움츠러들 수밖에 없었다. (이 일을 계기로 이들과는 자전거 동지가 되었고, 지금도 가끔씩 만나서 함께 달리는 사이다.)

마침내 이벤트의 날이 밝고, 우리 부부는 다른 참가자들과 함께 이른 아침 나고 시민 회관 앞을 출발했다. 하지만 이미 오전부터 얼마나 무모한 일에 뛰어들었는지를 뼈저리게 실감하게 되었다. 자동차가 거의 다니지 않는 북쪽 방향 해안 도로를 달리다가 본도 북단의 헤도 곶 앞에서 길고긴 오르막길과 만나자, 우리는 단번에 주변의 무리로부터 뒤처지기 시작했다. 경사가 그리 심한 것은 아니었지만, 오르막길은 그야말로 끝없이 이어졌다.

"이렇게 긴 오르막을 넘어본 적은 없다구."

"더 이상은 무리야. 여기서 그만 둘래."

라고 말하는 아내를 다독이면서, 나 자신도 젖 먹던 힘을 쥐어짜고 땀을 비 오듯 흘려가며 느릿

▌오키나와의 코우리 대교. 바다의 푸른빛에 눈이 부셨다.

느릿 언덕을 올랐다.

길고 길었던 언덕을 겨우겨우 다 오르자, 곧이어 하염없이 긴 내리막길이 우리를 기다리고 있었다. 처음에는 벌벌 떨었지만, 차츰 대담해진 나는 서서히 속도를 높였다. 자전거를 타고 있다고는 생각할 수 없을 만큼 엄청나게 빠른 속도로 미끄러져 내려가는 나의 눈앞에, 오키나와의 새파란 바다가 저 멀리 멀리까지 드넓게 펼쳐졌다.

"로드바이크는 정말 굉장한 물건이구나!"

힘겹게 언덕을 오른 대가로, 이토록 멋진 선물이 기다리고 있을 줄이야. 나는 그야말로 가슴이 벅차 올라서 의미조차 알 수 없는 이상한 감탄사들을 연신 내뱉었다. 처음으로 경험하는 긴 오르막의 괴로움과 가슴이 뻥 뚫리는 내리막에서의 속도감을 모두 맛본 뒤, 점심 식사가 준비된 휴식 포인트에 빠듯하게 도착했다.

우리는 자원봉사자들이 마련해준 맛있는 점심을 먹으며 왠지 모를 뿌듯함에 사로잡혀서 이 정도라면 끝까지 타볼 만하겠다고 생각했다. 그러나 다른 참가자들은 "오후에는 훨씬 더 힘들걸요"라는 말로 우리의 투지를 꺾어버렸다. 우리는 놀라움과 두려움이 뒤엉킨 표정으로 서로를 바라보았다.

"오전보다 더 힘들다고!?"

휴식 포인트를 출발하자마자 곧바로 또 다른 오르막이 나타났다. 힘겹게 올랐다가 내려오니, 다음 언덕이 기다리고 있었다. 끝없이 이어지는 업-다운은 대체 언제쯤 끝나는 것일까. 북부 얀바루 지구*의 대자연 속에서 귀에 생소한 세미(오키나와 본도 북부에서만 서식하는 오오시마제미라는 이름의 새)의 노랫소리를 들으며 영원히 이어질 것만 같은 업-다운을 몇 번이고 더 반복했다.

"더 이상은 오르지 못하겠다"는 심정으로 도로 옆에 털썩 주저앉아 땀을 훔쳤다. 어느새 따뜻해져 버린 음료수를 입에 쏟아 부으며, 문득 "육체적으로 이

얀바루 지구 오키나와 본도 북부에 있으며 울창한 숲과 자연이 잘 보존되어 있기로 유명하다.

렇게까지 힘들었던 적이 있었을까?" 하는 물음이 떠올랐다. 곰곰이 되짚어보아도 최소한 지난 10년 동안은 이 정도의 경험을 해보지 못한 것 같았다. 아니 20년 안에도 없었을 것이다. 어쩌면 살아오면서 가장 괴로운 경험이었을지도 몰랐다.

"아, 무모했어. 좀 더 연습한 뒤에 참가했어야 하는데……"라는 생각이 머릿속을 스쳤다. '330킬로미터'라는 거리에만 신경을 쓰고 있었는데, 사실은 업-다운이 더 큰 문제였던 것이다. 당연하게도 이렇게 긴 코스를 달리는데 끝없이 평지만 나올 리는 없었다. 그래, 더 이상은 무리였다.

그런데 고개를 들어보니 조금 앞쪽에 나와 마찬가지로 기진맥진한 채 달리고 있는 한 사람이 눈에 들어왔다.

"좋았어, 일단 저 사람만 추월해보자."

무거워질 대로 무거워진 몸뚱이를 간신히 자전거 안장 위에 앉히고는 페달을 밟기 시작했다. "파이팅!"이라고 외친 뒤, 그 사람을 앞지르겠다는 생각만으로 달려 나갔다. 그 뒤에도 오르막과 내리막은 여러 차례 되풀이되었다. 올라갈 때의 속도는 시속 10킬로미터를 밑도는 한 자리 수. 수십 번이나 땅에 발을 디뎠다.

오후 구간의 절반쯤 되는 휴식 포인트에 가까스로 도착해서 입 안에 얼음을 가득 채운 뒤 한숨 돌리고 있는데, 행렬의 가장 끝에 있어야 할 회송 차량이 들어왔다. 회송 차량이 왔다는 것은 지금 나와 함께 이 휴식 포인트에 있는 참가자들이 가장 꼴찌로 달리고 있다는 뜻이었다. 결국 중도 포기를 결심한 아내가 회송 차량에 올라탔다.

"괜찮아요? 함께 안 타시나요?"

"아뇨, 더 분발해봐야죠."

"그럼 힘내세요!"

이 말과 함께 회송 차량은 횡 하니 떠나버렸다. 차의 뒷좌석에 앉은 아내가 여유롭게 손을 흔들고 있었다. 물 먹은 솜 마냥 무거워진 몸을 이끌고 회송 차량의 꽁무니를 쫓아 다시 출발했다. 여전히 업-다운의 연속이었다.

"나도 차에 타버릴 걸 그랬나?"

이 생각을 몇 번이나 했는지 모른다.

투르 드 오키나와는 그때 당시 벌써 15번째 열리는 대회였다. 현지 주민들도 참가자들을 응원하는 일에 익숙해졌는지 비틀비틀거리며 달리는 나에게 힘내라는 응원을 보내주었다. 나도 우렁찬 소리로 답을 하기는 했지만, 마음속으로는 포기하고 싶은 생각뿐이었다.

그래도 결국은 첫날 코스의 마지막 휴식 포인트에 도착할 수 있었다. 마지막 구간만은 자전거로 달리고 싶다며 먼저 회송 차량을 타고 들어와 있던 아내가 합류했다. 우리 뒤에는 단지 몇 명만이 남아 있었다. 마지막 가파른 언덕을 올라, 드디어 첫날의 골인 지점에 들어섰다. 그 순간 모든 긴장이 풀어졌다. 1미터도 더 움직이지 못할 것만 같았다.

숙소는 기노자무라의 농협 연수 시설이었다. (요즘은 나고 시의 리조트 호텔을 이용한다.) 나는 숙소에 들어서자마자 따뜻한 물을 받아놓은 욕조에 풍덩 몸을 담그고 피로를 씻어냈다. 목욕한 뒤에는 아내와 함께 시원한 맥주를 들이켰다. 오키나와에서는 당연히 오리

온 맥주다. 저녁 식사는 바비큐였다. 고기다! 고기를 먹
을 수 있다!

　　　　"얀바루의 그 끝없는 업-다운은 정말 지
독했어요."
　　"완전히 질렸습니다."
　　　　모두가 처음 만나는 사람들이었지만, 그
날 달렸던 코스에 대한 이야기만으로 분위기는 달아올
랐다. 나이, 성별, 직업 같은 것은 상관없었다. 같은 코
스를 달렸고, 똑같은 괴로움을 겪은 사람들만이 나눌 수
있는 즐거움이었다. 대화를 나누다 보니, 그룹으로 참가
한 사람들도 많았지만 혼자서 참가한 이들도 꽤 있었다.
아는 사람이 없어 조금은 위축되어 있던 우리 부부도 같
은 경험을 공유한 사람으로서 아무렇지 않게 대화에 끼
어들 수 있었다. 그룹으로 참가했다면 더 든든했겠지만,
둘만으로도 느긋할 수 있었던 데에는 오키나와의 그러
한 분위기도 한 몫 했던 것 같다.
　　　　맥주, 바비큐, 그리고 여전히 생생하게 느
껴지는 괴로운 주행의 기억. 엄청난 피로감이 온몸을 휩

▌투르 드 오키나와를 달리는 필자의 아내.

싸고 있는데도 왠지 가슴은 두근거렸다. 누가 연주하는
지 모를 애절한 산신三線* 가락과 함께, 그날 밤은 너무
나 빠르게 저물어 갔다.

　　　　　다음날 달려야 할 거리는 150킬로미터.
이번엔 남쪽 방향으로 오키나와의 절반 정도를 달린다.

산신 오키나와의 민속 악기.

첫날의 얀바루 지구와는 달리 나하 시를 포함해 오늘의 코스의 대부분은 시가지다. 첫날의 언덕길에 비하면 둘째 날 코스는 식은 죽 먹기처럼 여겨졌다. 물론 첫날의 피로가 남은 다리로는 약간 버거웠지만, 사탕수수밭을 가로질러 스윽스윽 경쾌하게 페달을 밟았다.

나하 시내에서 점심을 먹으며 휴식을 취한 뒤, 시간과 다리 힘에 여유가 있는 사람들은 나하의 명물인 블루실 아이스크림으로 디저트 타임을 가지기도 했다. 갑자기 세찬 소나기가 쏟아졌지만, "비에 젖는 것쯤이야, 난쿠루나이사!(오키나와 방언으로 '아무려면 어때!' 라는 뜻이다)" 같은 마음이었다.

치야탄과 요미탄을 지나 또다시 해안선에 이르렀다. 온나의 마지막 휴식 포인트를 지나면 골인 지점인 나고가 멀지 않았다. 골인이 가까워지고 있었다! "거의 다 왔어"라는 안도감과 "이제 끝이구나" 하는 아쉬움이 뒤섞인, 다소 복잡한 감정이 울컥 치밀어 올랐다. 그렇게 괴롭고 힘들었는데도, 왠지 모르게 좀 더 달리고 싶었다. 예상치 못한 심정에 스스로 조금 놀라웠다. 그러는 사이에 골인 지점을 통과했다. 해냈다. 완주했다. 너무나 기뻤다.

　　　　기세등등, 앞뒤 가리지 않고 참가 신청을 하고, 이틀 동안 원 없이 달렸으며, 땀투성이가 되어 괴로움과 즐거움을 모두 맛보았다. 이렇게 즐겁고 기뻤던 적이 얼마 만이었을까? 아내의 눈에는 눈물이 글썽거렸다. 온전히 자신의 육체만으로 이루어낸 성취 때문에 울 수 있다니, 얼마나 행복한 일이었겠는가.

　　　　골인 지점인 나고 시민 회관 안뜰의 잔디밭에는 레이스를 마친 선수들과 다른 사이클링 이벤트의 참가자들이 모여 있었다. 본도 일주 참가자들이 가장 늦게 도착했다. 곧이어 표창장 수여식과 파티가 열렸다. 본도 일주 참가자 대표도 단상에 올라 완주 증명서를 받았다. 확실하지는 않지만, 회송 차량 신세를 여러 번 졌더라도 어쨌든 골인 지점에 들어온 사람들은 모두 증명서를 받았다고 한다. 이 부분은 좋든 싫든 오키나와다운 넉넉함이라고 해두자. 아마도 "일부러 오키나와까지 찾아와주었으니" 하는, 오키나와 사람들의 마음이 담긴 선물은 아니었을까.

▌ 나고 시의 아름다운 석양.

표창장 수여가 끝나자 오리온 맥주로 건배를 한다. 투르 드 오키나와 기념 파티의 명물인 통돼지 구이가 여러 마리 나오고, 무대에서는 오키나와 민요와 전통 춤이 펼쳐졌다. 참가자들도 곧 함께 춤추기 시작했고, 잔치는 늦게까지 이어졌다. 평소에는 거의 술을 마시지 않는 나도 이때만큼은 기분 좋게 취했다.

오키나와에서 겪은 생애 최초의 장거리 라이딩은 나의 삶을 크게 바꾸어놓았다. 로드바이크로 달리는 일은 생활의 일부가 되었고, 인생의 소중한 보물 하나를 새로 얻은 듯한 느낌이었다.

그날, 오키나와를 달리지 않았다면 이 책을 쓸 일도 없었으리라. 노인네 같은 소리일 수도 있겠지만, 인생의 즐거움이란 이렇듯 작은 모험이나 도전에 있는 것 아닐까 하는 생각이 든다. 이 책을 읽는 당신도 그러한 즐거움과 만날 수 있었으면 좋겠다.

나만의 성지, 오쿠타마 호수

오키나와에서의 경험은 나에게 자신감을 불어넣어주었다. 달리는 중에는 죽을 것 같았지만 끝난 뒤 돌아보니 첫날 180킬로미터, 둘째 날 150킬로미터라는 거리를 완주해낸 것이었다.

"뭐야, 나도 꽤 달릴 수 있잖아!"

미처 자각도 하지 못한 채, '심리적인 벽'을 단번에 뛰어넘어버린 것이었다.

도쿄로 돌아온 뒤 매주 다마가와 자전거 도로로 향했다. 달리는 것이 정말 즐거웠다. 그리고 이듬해 봄이 지나 초여름을 맞을 무렵, 자전거 도로에 슬슬 질리기 시작한 나는 좀 더 멀리 가보고 싶어졌다.

목표로 삼은 곳은 도쿄 부근에서 로드바이크를 타는 사람들이 자주 찾는다는 오쿠타마 지역이었다. 투르 드 오키나와에서 처음 만난 S가 길을 안내해주었다. S는 로드 레이스의 열렬한 팬이기도 했다. 우연히 서로의 집이 가까웠던 덕분에, 그와 함께 자주 오쿠타마를 달렸다. 그의 코스에서 종착점은 오쿠타마 호수

나만의 성지, 오쿠타마 호수.

였다. 다마가와 자전거 도로에서 하무라까지 간 다음, 그곳에서 다시 오우메 방향으로 빠져 오우메 가도街道를 타고 달린다. 하무라까지 50킬로미터, 하무라에서 오쿠타마 호수까지 30킬로미터, 그렇게 편도 80킬로미터(왕복 160킬로미터)의 여정이다.

나는 S와 달리면서 중대한 사실 하나를 깨달았다. 그의 실력은 나보다 훨씬 뛰어났기 때문에, 평지라면 몰라도 오르막길에서는 그의 페이스에 맞추는 것이 내게는 무리였던 것이다. 지금까지야 혼자서 자전거 도로를 달렸던 까닭에, 속도가 빠른 라이더에게 추월당하더라도 그다지 신경 쓰지 않았다. 하지만 다른 사람과 함께 달리게 되자 그럴 수만은 없게 된 것이다. 언제나 나의 페이스에 맞춰 달려야 한다면 상대방도 결코 즐겁지 않을 테니까.

오우메를 지나가면 업-다운이 이어지는 길을 만나게 된다. S는 경사가 가파를수록 느려지는 나의 속도에 맞추어 달려주었지만, 그래도 결국은 그의 등을 바라볼 수밖에 없었다. 내가 한참 뒤처져서 오쿠타마 호수에 도착하면, 그는 "언덕을 많이 오르다 보면 점점 익숙하게 달릴 수 있을 거예요"라고 아무렇지 않은 듯 격려해주었다. 하지만 이런 오르막을 거침없이 달릴 수 있게 되기까지의 길은 멀고도 멀게 느껴졌다. 초여름 햇살에 반짝이는 호수의 물결과 선연한 푸른빛으로 뒤덮인 오쿠타마의 산들을 바라보며, 나는 한숨만 내쉬었다.

하지만 이를 계기로 오쿠타마 호수까지 가는 길은 나의 단골 코스가 되었다. 실력이 너무 차이가 나면 함께 달리는 사람에게 면목이 없고, 서로 즐겁지도 않다. S는 당시 나의 유일한 자전거 친구였다. 소중한 친구를 잃지 않기 위해서라도 함께 달릴 수 있어야 했다. 오쿠타마의 코스를 거침없이 달릴 수 있게 되기만을 바랐다.

나는 다마가와 자전거 도로에 이어 오쿠타마 호수 코스를 계속 반복해서 달리기로 했다. 처음에는 오쿠타마 역에서 호수까지의 특히 경사가 심한 구간에서 몇 번씩 땅에 발을 딛기도 했지만, 언젠가부터는 한 번도 멈추지 않고 오를 수 있게 되었다. 가을이 되자 집에서 오쿠타마 호수까지의 80킬로미터를 3시간대에 끊을 수 있었다. S와 즐겁게 이야기를 나누며 나란히 달릴 수 있을 정도로 다리 힘도 늘었다.

요즘도 이따금씩 오쿠타마 호수로 달리러 간다. 아마 수십 번도 더 달렸을 것이다. 나는 내 멋대로 오쿠타마 호수를 '나만의 성지'로 삼았다. 그래서 그곳에 가는 일은 나에게 일종의 '성지 순례'인 셈이다. 많이 달려봐서 그런지 오쿠타마 호수까지 달리면 그날의 체력 상태를 쉽게 파악할 수 있다. 오쿠타마 호수에서 돌아오는 내리막길에는 적절한 기술이 필요한 코스도 있어서, 교통량이 그리 많지 않은 시간대를 맞추면 기분 좋게 달릴 수 있다.

나는 오쿠타마 호수를 지나 그 지역의 구석구석을 달려보았다. 오쿠타마 주유도로에는 도쿄 도에서 해발 고도가 가장 높은 가자하리 고개와, 도쿄 인근에서 경사가 가장 심하다는 가자하리 임도林道가 있다. 하지만 오쿠타마 역에서 무사시이츠카 시 쪽으로 빠지는 길의 노고기리 산이나, 야마나시 현의 경계를 따라 뻗은 18번 지방도로처럼 달리기 좋은 코스들도 많

▎필자가 로드바이크의 세계로 끌어들인 친구 커플과 함께.

이 있다.

　　　　이렇게 1년을 보내고, 또다시 11월이 찾아왔다. 투르 드 오키나와의 계절이 돌아온 것이다. 이번에는 내가 로드바이크의 세계로 끌어들인 친구 커플과 함께 참가했다. MTB를 타던 그들을 로드바이크로 전향시킨 뒤, "오키나와는 정말 즐거운 곳"이라며 꾸준히 세뇌(포교?)한 성과였다.

　　　　출발하기 전, 긴장한 친구 커플의 모습을 보고 있으려니 1년 전의 내 모습이 눈앞에 아른거렸다.

"이런 이벤트에 처음 참가할 때는 누구나 두근거리는 법이야"라며, 어느새 나는 한껏 선배 티를 내고 있었다. 내 예상대로 그들도 본도 일주 이틀 동안 장거리 라이딩에 푹 빠져버렸고, 그 후 자전거 샵의 라이딩 모임에 참여해 로드바이크를 즐기고 있다. 이 커플은 2007년 마침내 결혼에 골인했다. 장거리 라이딩의 원조라고 할 수 있는 투르 드 프랑스와 동일한 코스를 달리는 자전거 이벤트 '에타프'를 신혼여행으로 다녀왔다.

1년간 열심히 달린 덕분인지, 두 번째 투르 드 오키나와 본도 일주는 느긋하게 주변 경치를 즐기고 다른 사람들과 한껏 수다도 떨면서 여유 있게 완주했다. 골인 지점에 들어온 뒤에도 힘이 남아 있는 듯한 느낌이 들 정도였다. 그만큼 실력이 늘었다는 생각에 기쁘기도 했지만, 이 정도의 거리는 나에게 더 이상 도전할 만한 대상이 아니게 되었다는 사실도 깨달았다. 나는 조금 더 멀리 가고 싶어졌다.

윤행은 마법의 양탄자

"지금 이 풍경 속을 자전거로 달려보고 싶다."

여행을 떠난 곳에서 이런 생각을 해본 적이 있는지? 만약 그렇다면 '그곳까지 자전거로 달려보는 것' 이야말로 진정한 왕도이겠지만, 윤행輪行이라는 비장의 무기도 있다.

자전거를 타지 않는 사람에게는 이 단어가 익숙하지 않을지도 모르겠다. 윤행이란, 자전거를 분해해서 가방에 넣고 다른 교통수단을 이용해 목적지까지 간 다음, 그곳에서 다시 자전거를 조립해서 달리는 것을 뜻한다.

한 마디로 말하자면 자전거와 다른 교통수단을 결합한 여행이라고 할 수 있겠다. 200킬로미터 정도를 달릴 수 있다는 자신감이 붙었다면, 윤행을 통한 자전거 여행에도 도전해보자. 다른 교통수단과 자전거를 조합한다면, 여행이 더욱 다이내믹해지고 더욱 즐거워질 것이다. 다음과 같은 여정을 예로 들 수 있을 것 같다.

첫째날

도쿄 메구로의 집에서 하네다 공항까지 자전거로 이동.
하네다 공항에서 비행기를 타고 홋카이도에 도착. 신치
토세 공항에서 시코쓰 호수까지 자전거로 달리기. 시코
쓰 호수 부근에서 숙박.

둘째날

시코쓰 호수에서 삿포로 시내까지 자전거로 달리기. 삿
포로 시내에서 친구와 만나 모에레누마 공원으로 이동한
뒤 투르 드 홋카이도의 삿포로 스테이지를 관전. 삿포로
시내에서 숙박.

셋째날

삿포로에서 아사히가와까지 자전거로 달리기. 숙박.

넷째날

아사히가와 시내에서 동물원까지 자전거로 달리기. 동물
원을 산책한 뒤 아사히가와 공항까지 자전거로 이동. 하
네다행 비행기 탑승.

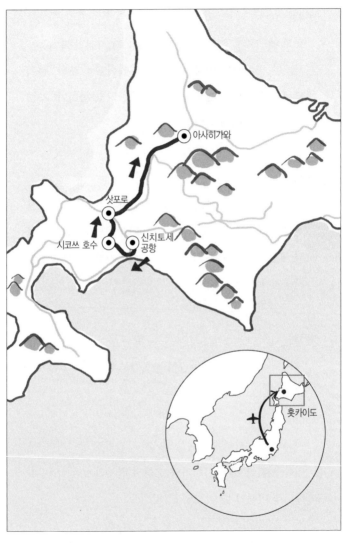

지도 2_우리 부부가 다녀온 홋카이도 운행 코스

하네다 공항에서 자전거로 귀가.

우리 부부가 3박 4일 동안 홋카이도에 다녀왔을 때의 일정표인데, 비행기 이외의 이동 수단은 오로지 자전거였다. 3박 4일 동안의 총 주행 거리는 335킬로미터. 자전거로 홋카이도를 여행했다고 하면 침낭과 텐트를 싣고 장거리 투어라도 하고 온 것처럼 생각하는 사람들이 많은데, 숙박은 모두 호텔에서 했고 삿포로~아사히가와의 150킬로미터 구간을 제외하면 각각의 구간은 30~60킬로미터 정도였다. 갈아입을 옷 같은 짐들은 미리 호텔로 보내놓았기 때문에 가벼운 몸으로 산뜻한 자전거 여행을 할 수 있었다. 짐을 최소화하기 위해 윤행 가방조차 삿포로 시내에서 마지막 날 숙박할 아사히가와의 호텔에 부쳤고, 더 이상 쓸 일이 없는 물건들은 편의점 같은 곳에서 하나씩 도쿄의 집으로 보냈다.

나의 윤행 경험이 아직 부족한 탓이겠지만, 여전히 여행지의 역이나 공항에서 자전거를 조립하고 있으면 마음이 두근두근거린다. 이제까지 한 번도 본

적 없는 새로운 풍경을 만나서, 자전거로 그곳을 마음껏 달리게 되리라는 생각에 가슴이 뛰는 것이다. 물론 자전거를 가져가지 않는 여행에서도 그러한 풍경을 만나면 흥분되겠지만, 윤행에서 느낄 수 있는 것과는 정도의 차이가 있다. 아직까지 그 이유는 모르겠지만 말이다.

아무래도 '자전거와 함께 공간 이동을 한 것 같은 느낌' 때문인 것 같다. 그리고 아마 나의 자의식 과잉이거나 혹은 내 멋대로의 상상의 산물일 수도 있겠지만, 역이나 공항에서 자전거를 조립하고 있으면 신기해 하거나 놀라워 하는 시선으로 지켜보는 사람들이 적지 않다. "윤행인가요? 좋으시겠어요"라며 말을 걸어오는 사람들도 있었다. 대개 나와 비슷한 연배였는데, 그 세대는 소년 시절 자전거 투어 붐을 경험했기에 윤행을 해본 사람들도 많았던 것이다. 시간 여유가 있을 때는 그들과 여러 이야기를 주고받기도 한다.

그런데 요즘은 윤행을 하는 사람들의 수가 많지는 않은 것 같다. 로드바이크를 타는 주변 사람들조차 대개 윤행을 해본 적이 없다고 한다. 몇몇 큰 이벤트가 있는 때가 아니라면 역이나 공항에서 자전거를

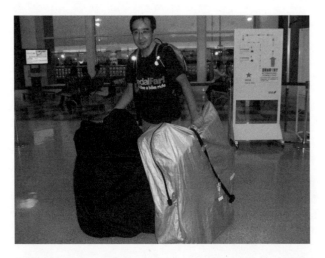

비행기 운행을 위해 운행 가방을 들고 공항의 탑승 수속 창구로
가고 있는 필자.

거의 보기 어렵고, 평소의 전철 안에서도 마찬가지다.
아마도 대부분 자동차에 싣고 목적지까지 가는 것 같다.
　　　　　　물론 그런 사람들도 나름대로의 즐거움은
있겠지만, 여행지에서 자전거를 타고 달리더라도 결국
마지막에는 자동차가 있는 곳으로 돌아와야 하기 때문
에 실제 자전거를 통한 이동은 전체 여정에서 듬성듬성
점을 찍는 수준이 되고 만다. 그래서야 여행지에서 자전거를 빌려 달리는 것과 차이가 없다. 윤행이라면 여정 속에서 자전거 이동으로 선을 주욱 그을 수 있다.

즉 '여행지에서 자전거를 탔다'는 것과 '자전거로 여행을 했다'는 것의 차이인 것이다.

주말에는 윤행을 떠나자

토요일과 일요일, 이렇게 주말 이틀만으로도 윤행의 즐거움은 한층 넓어진다.

예를 들어 토요일 아침 신주쿠에서 출발하는 열차를 타면 고부치까지 2시간가량 걸린다. 아침 식사로 에키벤토*를 먹다 보면 어느새 도착이다. 고부치 역에서 내려 자전거를 조립한 다음, 미나미알프스의 산들을 바라보며 기요사토를 향해 달려보자. 한 시간이면 충분하다. 고부치 역에서 내리지 않고 열차로 기요사토까지 갈 수도 있다.

에키벤토 역에서 파는 도시락.

주말 운행을 통해 단숨에 이러한 풍경 속으로 이동할 수 있다.
노베 산 부근의 히라사와 고개에서.

어느 쪽이든 신주쿠에서 3시간 안에 기요사토에 도착할 수 있다. 숙소에 짐을 맡기고 멋들어진 레스토랑에서 점심을 먹은 뒤에, 오후에는 야치가타케 방면이나 노베 산 방면으로 달려보자. 일요일에는 부근을 좀 더 달리다가 고부치 역에서 윤행으로 돌아와도 좋고, 고후까지 달린 다음 그곳에서 돌아와도 좋다.

아니면, 토요일 아침 일찍 출발해서 자전거로 이즈의 시모다까지 가는 것을 목표로 해보자. 도쿄에서 약 200킬로미터 정도의 거리다. 점심 식사는 마나즈루 근처에서 하는 것이 좋겠다. 오후에는 이즈 반도의 웅장한 절경을 보며 해안선을 따라 달린다. 이즈 반도는 경사진 길이 많아서 조금 위험할 수도 있다. 그래도 어두워지기 전에 시모다에 도착할 수 있을 것이다. 온천에 가서 느긋한 휴식을 취하고 맛있는 회로 배도 가득 채운다.

일요일에는 시모다를 관광한 뒤 오도리코 열차*를 타고 돌아온다. 혹은 이즈 반도를 한 바퀴 크게 돌아서 누마즈에서 신칸센을 타고 돌아와도 좋다. 기요사토와 시모다 모두 내가 직접 시도해보았던 윤행 코스다.

이렇듯 윤행의 즐거움은 여행이 더 자유로워지고 활동 범위가 크게 넓어진다는 데에 있다.

교통수단별 윤행 테크닉

윤행을 위해 자전거를 분해한다고 하면, 스패너와 펜치같은 공구로 꽤나 복잡한 작업을 해야 하는 것처럼 생각하기가 쉽다. 그러나 로드바이크를 포함한 스포츠 자전거는 퀵 릴리즈라는 손잡이를 느슨하게 풀어주는 것만으로 앞뒤 바퀴를 간단하게 분해할 수 있게끔 되어 있다.

앞뒤 바퀴와 프레임으로 분해한 자전거는 윤행을 위한 전용 가방에 넣어서 운반한다. 프레임 크기

오도리코 열차 도쿄 역에서 시모다/슈젠지 역 사이를 운행하는 특급 열차.

보다 부피가 줄어들지는 않지만, 로드바이크의 무게 자체가 가볍기 때문에 어깨에 걸쳐 메면 생각보다 힘들지 않다. 익숙해지면 분해해서 윤행 가방에 넣기까지 10분 안에 마칠 수 있다. 역이나 공항에서 당황하는 일이 없도록, 윤행을 떠나기 전에 미리 연습해보는 것이 좋다.

열차라면 객차의 가장 끝 좌석을 확보하는 것이 유리하다. 가장 끝 좌석에 앉으면 의자 뒤쪽의 공간에 윤행 가방을 놓을 수 있다. 그렇지 못하면 객차의 승하차 입구에 둘 수밖에 없는데, 오르내리는 사람들에게 불편을 주게 되고 도난당하거나 어린 아이들이 장난을 칠 우려가 있어 여러모로 마음이 놓이지 않는다. 가능한 객차 뒤쪽 자리를 일찌감치 확보해두는 편이 좋을 것이다.

버스를 이용한 윤행은 가장 진입 장벽이 높다. 노선버스는 윤행 가방을 가지고 탈 수 없는 경우가 많다. 모든 버스 회사가 그런 규정을 두고 있는 것은 아니지만, 혼잡한 정도에 따라 운전기사의 판단에 전적으로 따르게 되어 있는 것 같다. 리무진 버스나 관광버스는 차체 아래쪽 측면의 트렁크에 짐을 넣을 수 있게 되어 있지만, 트렁크가 텅텅 비어 있지 않다면 자전거가 다른 짐에 깔려버릴 수도 있다.

어찌됐든 버스는 혼잡할 때에 거절당하는 경우가 심심치 않게 있기 때문에, 버스 이외의 다른 선택지가 없는 일정, 즉 특정한 버스를 타지 않으면 비행기 시간에 맞출 수 없는 일정을 짜는 것은 피하라고 말하고 싶다.

여객선(페리)에서는 자전거를 윤행 가방에 넣으면 수하물로 인정되어 객실에 가지고 들어갈 수 있는 경우가 많다. 분해와 조립이 귀찮다면 별도의 요금을 지불하고 차량으로 승인을 받아서 그대로 배에 실을 수도 있다. 이때는 주차 공간에 두거나 컨테이너에 보관하게 된다.

비행기는 탑승 수속 창구에서 윤행 가방을 하물로 맡기게 되어 있으므로, 공항 직원이 혹시라도 자전거를 파손시키지 않도록 꼼꼼한 처리가 필요하다. 파손되기 쉬운 부분을 더 튼튼하게 보호하는 등의 조치를 취하는 것이 좋다.

구체적으로 말하자면 뒷 드레일러 주변을

보호하는 일이 가장 중요하다. 윤행 가방과 함께 뒷 드 레일러 보호를 위한 아이템(일본에서는 '엔드 보호금구'라는 이름으로 판매 중이다)도 준비해두자. 덧붙여, 비행기 윤행을 할 때 타이어의 공기를 빼두지 않으면 파열된다는 이야기는 잘못된 정보다.

더 상세한 윤행의 테크닉을 배우고 싶다면 가도오카 아쓰시 씨의 홈페이지를 방문해볼 것을 권한다.(http://homepage1.nifty.com/kadooka) 그는 자전거 여행의 엄청난 베테랑이다. 나도 그의 홈페이지에서 많은 도움을 얻었다.

그런데 도쿄에 살면서 비행기 윤행을 위해 하네다 공항까지 자전거로 이동하려는 사람은 공항까지 가는 방법에 주의해야 한다. 하네다 공항은 자전거로 접근하기 위한 시설이 매우 열악하다. 애초에 하네다 공항에는 자전거 주차장조차 없다. 즉 자전거로 공항에 오는 사람들을 조금도 염두에 두지 않고 설계한 것이다. 실제로 자전거를 타고 공항 터미널 건물에 도착했을 때, 주위 사람들이 하나같이 깜짝 놀라는 모습을 본 적도 있다. 내게는 꽤 재미있는 경험이었다.

그때 외에도 몇 번 정도 자전거로 하네다 공항까지 간 적이 있지만, 솔직히 말해서 그다지 추천하고 싶지는 않다. 비행기를 제외하고는 오직 자전거로만 다니겠다는 신조를 가진 사람이 아니라면, 모노레일을 이용하거나 하네다 공항 바로 앞의 역에서 전철을 타는 것이 좋을 것 같다.

돌아올 때는 리무진 버스를 이용할 수 있다. 앞서 이야기했듯이 혼잡한 시간대에는 태워주지 않는 경우가 더러 있지만, 넉넉한 시간대라면 가장 편리한 방법이다.

로드바이크를 타기 시작한 뒤로 우리 부부는 1년에 몇 차례씩 가는 모든 여행을 윤행으로 하고 있다. 윤행의 즐거움은 직접 경험해보지 않고서는 느낄 수 없다. 내게 꼭 맞게 길들여진 로드바이크로 여행지를 달리는 즐거움은 마치 마법의 양탄자를 타고 공간 이동을 하는 것과 비슷하다. 또한 윤행을 하게 되면 자전거의 세계가 크게 넓어진다. 200킬로미터 정도를 달릴 수 있는 사람이라면, 왕복 100킬로미터가 아니라 편도 200

킬로미터의 장거리 라이딩이 가능해지는 것이다. 마음 껏 달린 뒤 윤행으로 돌아오면 되기 때문이다.

게다가 윤행에 익숙해지면 여행지에서 생각지도 못한 사고를 만나더라도 굳이 당황할 일이 없다. 윤행 가방을 갖고 있지 않아도 방법이 없는 것은 아니다. 근처에 대형 마트가 있으면 자전거 커버를 하나 구입하면 되고, 그것도 없다면 편의점에서 대형 쓰레기봉투를 사서 '쓰레기봉투 윤행'이라는 다소 무지막지한 기술(!)을 사용할 수도 있다.

200킬로미터라는 거리를 여유 있게 달릴 수 있게 되었다면, 당신에게는 이미 마음 가는 대로 어디든 멀리까지 갈 수 있는 다리가 생겼을 것이다. 다음 장에서는 300킬로미터 이상의 세계에 대해 이야기하려고 한다. 그리고 그 너머에는 400킬로미터 이상의, 또 다른 차원의 세계 '부르베'가 있다. 로드바이크의 세계는 더 먼 곳까지 펼쳐져 있는 것이다.

제4장

300킬로미터를 달린다, 그리고 더 멀리

일상과 비일상의 경계

300킬로미터라는 거리는 나에게 일상과 비非일상을 가르는 경계에 해당한다.

200킬로미터 정도라면 "오늘은 조금 멀리 가볼까?" 하는 마음으로 주말에 자전거 친구들과 함께 달릴 수 있는 거리지만, 300킬로미터쯤 되면 그렇게 가볍게 생각할 수만은 없다. 장거리 라이딩의 강자이거나 실력이 뛰어난 아마추어 레이서 중에는 300킬로미터를 10시간 안에 완주하는 사람도 꽤 있지만, 지금의 내 실력으로는 13~14시간이 족히 걸린다. 200킬로미터라면 해가 긴 날 아침 일찍 출발해서 석양이 내릴 무렵에 돌아올 수 있지만, 300킬로미터가 되면 새벽녘에 출발한다 해도 어두워지기 전에 완주할 수 있을지 잘 모르겠다.

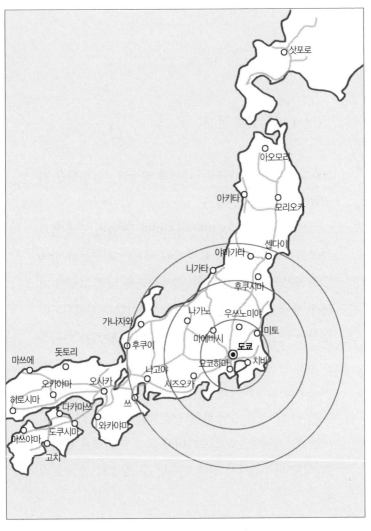

지도 3_ 도쿄를 기준으로 100, 200, 300킬로미터 떨어진 거리를 잇는 동심원

이런 의미에서, 일상에서 달려볼 수 있는 가장 긴 거리는 300킬로미터라고 할 수 있겠다. 게다가 300킬로미터를 단번에 달리려는 동기를 스스로에게 부여하기도 어렵다. 하물며 주변 사람들에게 "오늘은 진짜 멀리 가보자"며 꾄다 해도 '300킬로미터'라는 거리에 응해줄 사람은 아마도 거의 없을 것이다. 별 생각 없이 달릴 수 있는 거리가 아닌 것이다.

300킬로미터를 달리는 이벤트에서도 150킬로미터씩 이틀에 걸쳐 달리는 것이 일반적이다. 단번에 300킬로미터를 달리는 장거리 라이딩 이벤트로는 도쿄~이토이가와 패스트 런과 부르베 정도가 고작이다.

처음으로 300킬로미터를 달려본 것은 로드바이크를 타기 시작한 지 1년 반 정도가 되었을 때, 부르베라는 이벤트를 통해서였다. 그때까지 몇 번 200킬로미터가 넘는 거리를 달려보았는데, 달린 뒤에도 다리 힘이 남아 있었기 때문에 300킬로미터라고 해도 완주하지 못할 거라고 생각하지는 않았다.

하지만 300킬로미터는 만만하지 않았다.

아침 6시에 출발했음에도 당일에 돌아올 수가 없었다. 18시간 이상 걸렸다는 이야기다. 간신히 완주는 했지만 예상했던 것보다 힘들었다. 오다와라 교외에서 출발해 이즈 반도의 해안선을 따라 시모다까지 달리고, 시모다에서 바사라 고개를 넘어 이즈 반도를 가로지른 뒤 니시 이즈의 마쓰자키를 지나 우구스까지 달렸다. 이곳을 반환점으로 삼아, 갔던 길을 거꾸로 돌아오면 왕복 300킬로미터였다.

　　　　일본에서 100킬로미터 이상을 달리려면 내륙에서는 해발 500~1,000미터의 고개를 한두 개쯤 넘어야 하고, 해안 지방에서도 자잘한 업-다운을 거듭해야 한다. 100킬로미터가 넘는 평탄한 코스는 홋카이도를 제외하곤 찾기 힘들다. 그래서 이 정도 거리가 되면 언덕을 오르는 문제도 염두에 두어야만 한다. 내가 예전에 달렸던 300킬로미터 코스는, 달리는 동안 올랐던 언덕의 높이가 모두 합쳐 3,000미터나 되었다. 300킬로미터를 달리는 동안 1,000미터 높이의 고개를 세 개 넘는 것도 힘든 일이겠지만, 자잘한 업-다운을 끊임없이 반복하면서 3,000미터를 오르는 일도 버겁기는 마찬

지도 4_ 이즈 반도의 300킬로미터 부르베 코스

가지다.

개인적으로는 자잘한 업-다운 쪽이 더 고역이었다. 이즈 반도는 실로 어려운 코스였다. 히가시이즈의 해안선을 따라 달리는 135번 국도는 교통량도 꽤 많았던 데다, 아타미를 지나면 본격적인 업-다운이 시작된다. 자그마한 항구 마을의 길지 않은 평탄한 구간을 제외하면, 업-다운이 계속해서 되풀이되는 것이다. 이즈 고원 주변은 완만한 오르막이 끝도 없이 이어진다. 자전거를 타는 사람들 중에 언덕을 좋아하는 독특한 사람들도 있긴 하지만, 이렇게 업-다운을 계속 반복하는 것을 좋아하는 사람은 거의 없다.

게다가 내가 달린 날은 강풍도 심하게 불었다. 바람에 휩쓸려서 가드레일을 넘어 바다에 떨어질 뻔하기도 하고, 거꾸로 중앙선 쪽으로 밀려 휘청거리기도 했다. 맞바람은 그중에서도 최악이었다. 하지만 이 최초의 300킬로미터 주행은 진심으로 즐거웠다. 3월 하순, 이즈 반도에 봄이 찾아온 무렵이었다. 바람이 강하기는 했지만 그 덕분에 공기는 더없이 맑았으며 바다는 새파랗게 빛났다.

이 코스를 자동차로 몇 번 드라이브한 적도 있었다. 미나미이즈는 1년에도 몇 번씩 찾곤 하는, 내가 특별히 좋아하는 장소 중 하나다. 물론 자동차로는 편안하게 달릴 수 있는 꾸불꾸불한 바닷가 길이 자전거에게는 까다로운 업-다운의 연속이다. 하지만 나는 이 135번 국도를 시속 25킬로미터의 속도로 달리는 편이 훨씬 더 즐거웠다.

마나즈루 도로(유료 도로인데, 요금을 내면 옛길은 자전거도 통과시켜 준다), 아타미의 왁자지껄한 거리, 이토의 하토야, 다카다이에서 내려다보는 이나토리의 온천 거리, 시라하마의 아름다운 해안……. 이 모든 포인트에서 "세상에, 내가 자전거로 여기까지 왔어!"라고 외쳤다. 땀이 흘러내렸지만 껄껄껄 웃음이 나왔다. 그만큼 행복했던 것이다.

나는 "자동차가 아니면 도저히 갈 수 없다"고 생각했던 곳들을 하나씩 하나씩 자전거를 타고 지나쳐갔다. 그리고 낯익은 시모다 거리를 지나 완만하지만 길게 이어지는 바사라 고개를 넘어 이즈 반도를 횡단했다. 눈앞에 니시이즈의 바다가 나타났을 때, 나는 생각했다. "어쩌면 로드바이크로 세상 어디든 갈 수 있는 것이 아닐까?"

　　　출발점인 오다와라에 돌아왔을 때는 이미 도쿄로 가는 열차가 끊긴 지 오래였다. 나는 역 근처 온천 랜드*의 수면실에 들어가 곯아떨어졌다. 다음날 아침 집에 돌아온 후, 다시 깊은 잠에 빠져들었다.

　　　이제와 생각해보면 300킬로미터를 달림으로써 내 마음속의 높은 벽 하나를 뛰어넘었던 것 같다. 일상을 완전히 벗어난 것 같은 느낌, 그리고 새로운 단계에 들어선 것 같은 느낌이었다. 처음 100킬로미터를 달렸을 때도, 200킬로미터를 달렸을 때도 그런 것은 없었다. 나의 거리 감각으로 잴 수 있는 가장 먼 곳보다 더 멀리까지 나아갔다는 느낌이었다. 나는 그 느낌에 이끌려 400킬로미터 이상의 또 다른 차원을 달리게 된다. 그곳은 '거리 감각을 잃어버린' 사람들의 세계였다.

온천 랜드　우리나라의 찜질방 같은 곳.

도쿄~이토이가와 패스트 런을 달린다

나는 그 후로도 몇 차례 300킬로미터 혹은 그 이상의 거리를 달려보았지만, 가장 인상 깊었던 300킬로미터 이벤트를 꼽으라면 도쿄~이토이가와 패스트 런을 말하고 싶다. 이 대회는 부르베가 열리기 전까지 일본의 장거리 라이딩 이벤트 중에서 가장 긴 거리를 자랑하는 대회였다.

앞서 언급한 『자전거 소년기』라는 소설은 이 이벤트를 처음 시작한 사람들의 이야기를 담고 있다. 메이지 대학의 자전거 동아리 출신 졸업생들이 주도적으로 이끌고 있는 이 이벤트는 2008년에 36회를 맞았다. "자전거로 도쿄 만의 물을 동해(일본해)까지 가져가보자"라는 특이한 발상에서 출발했다는 이야기도 있다. 상업적인 이벤트와는 달리 화려한 연출이나 풍성한 지원 같은 것은 없지만, 모두가 필요한 물품들을 일일이 손으로 만들어가며 정성스럽게 이어오고 있는 정감 넘치는 대회다.

나는 로드바이크를 처음 탔을 때부터 언

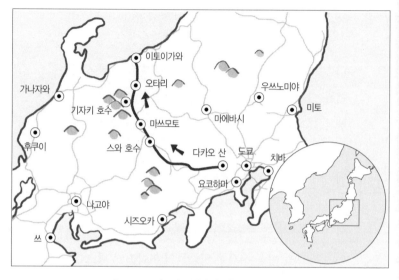

지도 5_ 도쿄~이토이가와 패스트 런 코스

젠가 이 이벤트에 꼭 참가해보겠다는 마음을 먹었다. 팀 단위로만 참가 신청을 받았기 때문에 '고독한 로드레이서' 였던 나에게는 진입 장벽이 있었지만, 2006년부터는 〈자전거로 멀리 가고 싶다〉 커뮤니티의 친구들과 팀을 이루어 참가하고 있다. 팀 단위로만 참가할 수 있는 이유는, 일반적으로 팀에 속해 있는 사람들은 일정한 수준 이상의 실력을 갖고 있는 법이고, 또 중간에 무슨 문제가 생기더라도 팀원들끼리 서로 도울 수 있기 때문이라고 한다. 그리고 회송 차량이 준비되어 있지 않기 때문에, 필수적인 조건은 아니지만 중간에 포기하는 사람이 생길 경우를 대비해 각 팀에서 지원 차량을 준비하기도 한다.

코스는 도쿄 다카오 산 기슭에 있는 다카오 산 입구 역에서 출발하여 20번 국도(가슈 가도)~19번 국도~이토이가와 가도를 따라 달리게 되며, 골인 지점은 니가타 현 이토이가와 시에 있는 이토이가와 호텔이다. 혼슈를 거의 횡단하여 동해(일본해)까지 가는 셈이다. 마쓰모토까지는 시가지 구간이 많이 포함되어 있으며, 그곳부터는 일본 알프스의 아름답고도 웅대한 절경을 바라보며 달릴 수 있다.

나는 이 이벤트 덕분에 나가노 현 오오마치에 있는 무척 아름다운 기자키 호수라는 곳을 알게 되었다. 자전거로 달리면서 바라본 호반은 매우 푸르고 맑았으며, 주위의 산들을 마치 거울처럼 선명하게 비추고 있었다. 호수의 풍경이 너무나 마음에 들었던 나머지, 그곳을 다시 한 번 보기 위해 이듬해 아내와 함께 윤행했을 정도다.

도쿄~이토이가와 패스트 런은 무엇보다
도 "300킬로미터를 얼마나 빠르게 달리는가"를 겨루는
것이라서, 출발 직후의 오오타루미 고개와 마쓰모토 직
전의 시오지리 고개를 제외하면 가파른 오르막길이 없
다. 참가자는 300~400명 정도이며, 실업단 레이스나
취미 레이스에서 달리는 선수들도 꽤 참가한다. 개개인
의 소요 시간만이 중요하기 때문에 속도가 빠른 사람은
늦은 시간대에, 속도가 느리거나 느긋하게 달리려는 사
람은 이른 시간대에 출발해도 된다.

하루짜리 이벤트 중에서는 가장 코스가
길다고 할 수 있지만, 우리 팀원들은 대개 부르베에도
참가하고 있어서 300킬로미터가 엄청난 각오를 해야 하
는 정도의 거리는 아니다.

처음 참가했던 2006년도는 오래전부터 이
이벤트에 참가해온 사람들이 "근래 들어 가장 사납다"
고 평할 만큼 궂은 날씨였다. 출발할 때부터 쏟아진 비
때문에 오오타루미 고개를 오르는 도중에 이미 온몸이
흠뻑 젖어버렸다. 부르베를 통해 악천후에 꽤 익숙해졌

기자키 호수의 풍경. 도쿄~이토이가와 패스트 런의 코스에서
필자가 가장 좋아하는 장소다.

다고는 해도, 빗속을 달리는 것은 즐거울 리가 없는 데다 위험하기까지 하다. 스와 호수 부근에서 잠시 개었을 뿐, 마쓰모토를 지난 다음부터는 종종 국지성 집중호우를 만나 자전거를 멈춰야만 했다. 사이클링 저지가 조금 말랐다가 다시 홀딱 젖기를 반복하면서 달렸다.

　　　주의를 기울여야 하는 구간은 가장 마지막에 나오는 법이다. 이토이가와 가도의 오타리 이후부터는 터널이 계속 이어지고 노면도 거친 데다 트럭 통행까지 많기 때문이다. 예전에는 해가 진 뒤에도 계속 달렸다고 하는데, 지금은 오타리에서 너무 늦게 들어오는 사람들을 잘라낸다. 즉, 어두워지기 전에 골인할 수 없는 사람은 이곳에서 중도 하차해야 하는 것이다. 터널 구간을 빠져나와 히메카와 강변을 따라 달리다가 이토이가와 시내에 들어서면, 골인 지점이 눈앞에 나타난다. 골인 시간을 표시하는 도장을 받은 후에는 시원한 맥주가 기다리고 있다.

　　　그런데 이 이벤트에서, 나는 마치 부르베를 달리는 것처럼 에너지를 상당히 절약하는 방식으로

마쓰모토까지 이제 48킬로미터 남았다. 머지않아 스와 호수가
보일 것이다.

달렸다. 쉽게 말해 너무 느긋하게 달린 나머지 골인한
뒤에도 아직 다리 힘이 남아 있었던 것이다. 하지만 다
른 참가자들은 나와는 완전히 다른 방식으로 달리고 있
었다. 이 이벤트의 목표는 '완주'만이 아니었던 것이다.
어리석게도 나는 골인하고 나서야 이 사실을 알았다.
"300킬로미터쯤은 식은 죽 먹기"라며 여유만만하게 달려 골인했지만, 곧바로 나는 아쉬움에 땅을 치며 후회했다.

물론 단지 300킬로미터를 완주하기 위해 달리는 사람도 있을 것이다. 하지만 대부분은 '속도'를 의식하고 있었다. 레이스가 아니기 때문에 교통 법규와 신호를 지키며 달려야 하지만, 주최 측에서는 참가자 개개인의 소요 시간을 재서 순위를 매긴다. 즉 주어진 조건에서 '가능한 빠르게 달린다 = 패스트 런'의 공식이 성립하는 것이다. 그래서 모든 참가자들은 골인 지점까지 있는 힘껏 달린다. 심지어 사고를 만나서 좋은 기록을 얻을 수 없게 되었다는 이유로 중도에 포기해버리는 사람도 있다.

가장 빠른 사람들은 팀을 꾸려 연습해온 사람들이다. 실제로 300킬로미터라는 거리를 달려본 경험이 없더라도, 그런 사람들은 다리 힘이 월등해서 평소 100킬로미터 정도를 달리던 훈련의 여세를 몰아 300킬로미터도 가뿐하게 달릴 수 있다.

레이스도 아니고 장거리 라이딩 이벤트와도 다른, 이러한 세계가 있다는 것을 그때 처음 알았던 것 같다. 그 이듬해에는 빨리 달리려는 의지로 충만한 상태에서 참가했지만, 연습 부족과 페이스 조절의 실패로 오히려 2006년보다 한심한 결과를 거두고 말았다. 올해도 다시 한 번 도쿄~이토이가와 패스트 런에 도전할 것이다. 이제 겨우 세 번째 참가하는 것이지만, 나는 이 이벤트의 열렬한 팬이 되어버렸다. 올해는 어떠한 결과가 나올지, 벌써부터 한껏 기대가 된다.

앞에서도 이야기했지만 이 이벤트의 또 한 가지 장점은 주행이 끝난 뒤 숙박을 한다는 것이다. 다른 이벤트들은 대체로 일요일에 열리기 때문에, 먼 곳에서 온 사람들은 토요일에 도착해서 미리 하룻밤을 묵고 다음날 이벤트가 끝나면 곧장 집으로 돌아가야 한다. 그러나 이 이벤트는 토요일에 열리는지라 토요일 밤에 다함께 식사를 하거나 한잔 걸칠 수 있다. 오프라인에서 얼굴 보기가 어려운 커뮤니티의 회원들과 즐거운 시간을 보낼 수 있는 것이다. 그리고 다음날 주최 측에서 제공하는 버스나 각 팀에서 준비한 차량, 혹은 열차 등을 타고 삼삼오오 흩어져 귀가한다. 물론 돌아가는 길까지 자전거를 타는 강자도 몇 사람 있는 것 같다.

　　　　이 이벤트나 부르베를 달리다 보면 얼굴을 익히고 친해지는 사람들이 점점 늘어나게 된다. "내년 대회에서 다시 만납시다" 혹은 "OO 레이스에서 또 봐요" 같은 인사를 주고받으며 미소 띤 얼굴로 헤어지던 모습이 잊히지 않는다. 어딘가 '먼 곳'에서 다시 만나자구요.

부르베, 별세계!

"좀 더 멀리 달려보고 싶다"면, 그리고 달리는 것 자체가 즐겁다면, 부르베Brevet라는 별세계를 슬쩍 엿보는 건 어떨까?

　　　　부르베는 프랑스에서 시작된 장거리 라이딩 이벤트로, 제한 시간 안에 일정한 거리를 달리면 완주했다는 사실을 '인정'해준다. ('부르베'라는 단어가 바로 '인정'이라는 뜻이다) 즉 "당신은 자전거로 일정한 시간 안에 이 만큼의 거리를 완주해낸 사람입니다"라는

부르베 카드: 이 카드를 소지하고 달리다가 콘트롤 포인트에서 체크를 받는다. 완주한 후에 프랑스로 보내면 부르베 완주를 인정하는 인지가 붙은 상태로 돌려받을 수 있다.

인증서를 발급해주는 셈이다. 100년이 넘는 오랜 역사를 자랑한다.

부르베는 프랑스 안에서도 정해진 기준을 충족시키는 여러 지역에서 두루 열리고 있다. 세계 각지의 부르베는 각각의 대회 결과를 최상급 기관인 프랑스 부르베 측에 보고하고, 프랑스 측에서는 인증서 및 거리에 따른 메달을 제작해서 보내준다. 참고로 메달은 희망

자에 한해 신청할 수 있다. 이처럼 부르베는 모든 장거리 라이딩 이벤트의 기원이라고 할 수 있다.

일본에서도 여러 클럽들이 부르베를 개최하고 있다. 주행 거리는 200, 300, 400, 600, 그리고 1,000킬로미터로 나뉘어 있으며, 머지않아 1,200킬로미터 대회도 개최될 것이라고 한다. 200킬로미터나 300킬로미터 같은 단거리 부르베에는 200명이 넘는 참가자들이 모여들기도 한다.

일본의 모든 부르베는 오닥스 재팬Audax Japan이 책임을 맡고 있다. 오닥스 재팬의 홈페이지에서는(http://www.audax-japan.org) 전국 각지의 부르베 개최 스케줄과 상세한 참가 규정을 확인할 수 있다. 부르베를 주최하는 각 클럽들의 홈페이지도 링크되어 있어서, 가까운 지역에서 열리는 대회를 찾아볼 수도 있다. 2008년에는 홋카이도, 미야기, 우쓰노미야, 사이타마, 치바, 가나가와, 시즈오카, 나고야, 긴키, 후쿠오카 등에서 개최되었다.

모든 대회를 자원봉사자들이 운영하고 있기 때문에 상업적인 이벤트와 같은 풍성한 지원은 없지만, 열성적인 스태프들의 노력에 힘입어 참가자들이 점점 늘고 있으며, 전국의 대회 숫자도 매년 증가하고 있다. 부르베는 레이스가 아니라서 제한 시간 안에 골인하기만 하면 누구나 똑같은 완주자가 된다. 다만 참가자 개인이 모든 책임을 지는 장거리 라이딩이므로, 사고가 나더라도 스스로의 힘으로 해결해야 한다. 자전거를 매개로 한 '어른들의 놀이' 라고 할 수 있겠다.

　　　로드바이크를 타는 사람들 중에 200킬로미터와 300킬로미터 정도를 달려본 사람은 꽤 있겠지만, 부르베 참가자를 제외하면 그 이상의 거리를 달려본 사람은 거의 없을 것이다. 나는 2005년에 200, 300, 400킬로미터를 각각 달려보았고, 그 이듬해에는 200, 300, 400, 600킬로미터를 달렸다. 부르베에서는 한 해에 200, 300, 400, 600킬로미터를 모두 달린 사람을 'SR'*이라고 부른다.

　　　말하자면 '장거리 라이딩의 달인' 으로 인정하는 훈장 같은 것이다. 그런데 요즘 내 주변에는 SR

SR Super Randonneur의 줄임말.

들이 득실대고 있어서, 'SR 인플레이션'이라는 우스갯소리를 자전거 친구들끼리 주고받기도 한다.

SR의 자격을 얻으면 해외에서 열리는 장거리 부르베에도 참가할 수 있다. 최고의 대회는 프랑스에서 4년마다 한 번씩 열리는 '파리 브레스트 파리Paris Brest Paris'로, 줄여서 PBP라고도 불린다. 이름 그대로 파리를 출발해서 대서양 연안의 브레스트까지 달렸다가 다시 파리로 돌아오는 이벤트다. 2007년 대회에는 전 세계에서 5,000명 이상이 참가했으며, 일본인 참가자의 수도 100명이 넘었다. (나의 친구들도 여럿이 참가했다.) 주행 거리는 1,200킬로미터! 하지만 놀라지 마시라. 1,500킬로미터를 달리는 대회도 있다! 1,500킬로미터는 모든 부르베 참가자의 최종 목표다.

지금껏 회사 일 때문에 시간을 낼 수 없어서 참가하지 못했지만, 언젠가 꼭 참가해보고 싶다. 물론 당신도 가능하다. 우선 200킬로미터부터 도전한 뒤에, 서서히 1,200킬로미터 너머를 목표로 삼아보는 것은 어떨까?

400킬로미터의 모험

부르베에서 300킬로미터까지가 일상에 속하는 거리라면, 400킬로미터 이상은 비일상 또는 다른 차원의 세계라고 말해도 좋을 것 같다. 예를 들어 400킬로미터 코스의 제한 시간은 27시간이다. 20시간에 완주할 만큼 터무니없이 빠른 사람도 있고, 나처럼 27시간을 빠듯이 채워야 하는 사람도 있지만, 평균적으로 24시간가량 걸린다. 300킬로미터와 결정적으로 다른 점은 한밤중까지 주행이 이어진다는 것이다.

다시 말해 밤을 새워 새벽까지 달려야 한다. 안장 위에서 페달을 밟으며 석양을 보고, 그대로 계속 달려서 같은 안장 위에서 아침 해를 맞는다는 뜻이다. 결코 쉽게 경험하기 힘든 일이다. (겪어보고 싶은 사람도 많지 않겠지만……)

600킬로미터의 제한 시간은 40시간. 토요일 아침에 출발하면 계속 달려서 일몰을 보고, 밤새도록 달려서 아침을 맞고, 그러고 나서도 또다시 달린다. 그래서 두 번째 일몰을 지나 일요일 밤중에 골인하게 된다.

　　24시간, 만 하루가 넘도록 자전거를 타고 달리는 것 자체가 보통 사람의 입장에서 보면 이미 상식 밖의 일일 텐데, 새삼 적고 나니 "내가 왜 이런 일을 했던 거지?" 하는 생각이 들어 나 스스로도 조금 신기하다.

　　개인적인 감상이지만, 300킬로미터까지를 스포츠라고 한다면 400킬로미터는 '어드벤처(모험)'의 영역에 속하는 것 같다. 이는 코스의 선정에서도 기인한다. 부르베는 시내만 달리는 것이 아니라, 오히려 인적이 드문 산간 지역을 달리는 구간이 더 길다. 또한 전적인 자기 책임, 즉 '노 서포트no support'의 조건에서 달려야 하기 때문에, 도중에 주행 불능 상태가 된다고 해도 스스로 해결해야만 한다. 그리고 이를 위해 자신의 신체적 능력과 기술, 장비 등 모든 것을 준비해야 한다.

　　체력만이 아니라 장거리를 달리기 위해 필요한 종합적인 능력이 요구되기에, 체력보다 경험이 더 중요한 스포츠라고도 할 수 있다. 참가자들의 평균 연령이 40대 이상으로 비교적 높은 것도 같은 이유에서일 것이다. 젊은 사람들은 단지 '좋아하기 때문에' 이처럼 지독한 일에 뛰어들려 하지 않는다는 이유도 있을 테지만.

부르베는 순위를 매기지 않는다. 가장 빨리 달렸다고 표창장을 주지도 않는다. 제한 시간 안에 완주했는지의 여부만 따질 뿐이다. 따라서 주행 방식은 참가자 개인의 자유이며 실제로도 천차만별이다. 주행 시간이 24시간을 넘는 코스에서는 도중에 선잠도 잔다. 이따금 "길에서 자기도 하나요?" 같은 질문을 받기도 하는데, 여름에는 그런 경우가 있지만 추울 때는 얼어 죽을지도 모른다.

요즘에는 곳곳에 온천 랜드가 들어서 있으므로 시간 여유가 있다면 이런 곳에서 땀을 씻어내고 선잠을 잘 수도 있고, 시간 여유가 없다면 역이나 주차장의 구석에서 짧게 눈을 붙인다. 자전거에 침낭을 매달고 달리는 사람도 있지만, 대개는 입은 옷차림 그대로 잠들거나 알루미늄 박처럼 생긴 '리스큐 시트'를 둘둘 말고 잔다. 부근에 역이 없다면 지붕이 있는 버스 정류장에서 자기도 한다. 내막을 전혀 모르는 사람이 보면 "이게 무슨 일인가?" 싶을 것이다.

　　　부르베에서 말하는 '빠른 사람'이란, 주행 속도만 빠른 것이 아니라 모든 측면에서 강인한 사람을 가리킨다. 예를 들어 선잠도 거의 자지 않고 완주해버리는 사람 말이다. 그런 사람들은 "도중에 선잠을 잘 바에야 빨리 골인해서 푹 잘 생각이었다"며 별것 아닌 듯이 말하지만, 내 입장에서는 '초인'이나 다름없다.

　　　나의 경우에는, 400킬로미터 이상의 코스는 상당히 면밀한 주행 계획을 세워야지만 완주할 수 있다. 어느 정도 빨리 달리지 않으면 휴식 시간을 확보할 수 없고, 그렇다고 무작정 빨리 달리게 되면 후반에 녹초가 되고 만다. 자신의 실력을 냉정하게 판단하는 한편, 휴식 시간도 일정하게 확보할 수 있는 페이스로 달려야 하는 것이다. 또한 제한 시간을 최대한 사용하는 것이 좋지만, 너무 아슬아슬하게 달리다가는 예기치 않은 사고를 만나거나 골인 지점 바로 앞에서 녹초가 되어버렸을 때 제한 시간을 초과하게 될 수도 있다.

　　　부르베 주최 측에서는 '큐시트'라고 부르는 코스 지도를 사전에 배포한다. (요즘은 인터넷에 공개한다.) 나는 체크 포인트의 위치, 출발 지점에서 주요 교차점들까지의 거리, 구간별 거리 등이 표시되어 있는 큐시트를 뚫어져라 들여다보면서 모든 코스를 세세하게 점검한다. 또한 종이 지도나 인터넷 지도 서비스를 이용해 코스에 있는 온천 랜드와 역, 그리고 선잠이 가능할 것 같은 24시간 패밀리 레스토랑과 모든 편의점의 위치도 체크해둔다.

　　　부르베의 체크 포인트는 편의점인 경우가 많고 휴식도 그곳에서 취하도록 되어 있지만, 편의점 옆 땅바닥에 주저앉아 쉬고 나면 제대로 쉰 것 같지가 않다. 날씨가 춥기라도 하면 두말할 나위가 없다. 그럴 때는 코스에서 조금 벗어나더라도 패밀리 레스토랑에 가서 느긋하게 쉬는 편이 낫다. 패밀리 레스토랑에서는 테이블에 엎드려 잘 수도 있기 때문이다. 또한 코인 세탁소 같은 곳도 세탁기가 돌고 있을 때는 꽤 따뜻하기에 훌륭한 휴식 장소가 될 수 있다. 모두 겨울철에 부르베를 달리며 알게 된 것들이다.

　　　　400킬로미터 이상의 부르베에서는 이렇듯 일상에서는 생각해보지도 못했던 경험이나 노하우를 얻을 수 있다. 또한 300킬로미터를 넘어가면서 비로소 나타나는 육체적인 고장들도 있다. 처음으로 400킬로미터를 달렸을 때, 300킬로미터를 조금 넘긴 지점에서 갑자기 아킬레스건이 염증을 일으켰다. 300킬로미터 이상에서 나타나는 고장이란 평소에는 예상할 수 없는 것들이다. 하지만 한 번 겪은 뒤부터는 미리 대비할 수 있다. 그 이후로 300킬로미터 이상의 코스에서는 반드시 아킬레스건에 테이프를 감고 달리게 되었다. 사고가 일어날 것을 예상하고 그에 대비하는 것도 자신만의 노하우를 쌓은 결과이며, 부르베의 또 다른 재미다.

　　　　때로는 자신의 경험에 비추어 과감하게 중도 포기를 결정하는 용기도 필요하다. 자신의 육체적인 한계 지점을 넘게 되면 정말로 사고가 난다. 자전거에서 굴러 넘어져서 다치는 것이야 자업자득이므로 어쩔 수 없다. 하지만 더 심각한 사고가 발생하면 부르베를 주최한 사람들에게까지 피해가 간다. 심각한 사고가 일어나서 이후 개최가 불가능하게 된 레이스나 사이클링 이벤트들도 있다.

그처럼 심각한 사태가 일어나지는 않더라도, 언제나 자신의 신체를 소중히 다루자. 아킬레스건이 고장을 일으켰을 때 오기를 부려 100킬로미터나 더 달렸더니, 그 덕분에 한동안 자전거를 탈 수 없게 되었을 뿐만 아니라 완전히 회복하는 데 몇 개월의 시간이 걸렸다. 무리를 해서라도 완주할 것인지, 아니면 용기 있는 중도 포기를 택할 것인지, 스스로 가늠할 수 있어야 한다.

졸음과 싸워 이기는 몇 가지 방법

400킬로미터를 달리기 전까지는 야간 주행에 대해 조금은 낭만적인 이미지를 갖고 있었다. 달빛을 맞으며 어두운 밤길을 달린다니! 왠지 모르게 멋있게 느껴졌다.

하지만 현실은 전혀 달랐다. 무엇보다,

자전거로 달릴 때 주변 풍경을 볼 수 없다는 것이 가장 지루하고 힘들었다. 특히 높낮이의 기복도 없고 꼬불거리지도 않는 길은 정말 최악이다. 앞으로 나아가고는 있지만, 풍경이 보이지 않으면 속도감이 미묘하게 어긋나서 페이스를 놓친 것만 같은 기분이 든다. 해가 떠 있을 때는 일정한 페이스로 꾸준히 달리는 것이 더 기분 좋지만, 밤이라면 오히려 적당한 업-다운이 있는 편이 한결 낫다.

나는 혼자서 달리는 경우가 잦은 편이지만, 밤중이라면 다른 사람과 수다라도 떨면서 함께 달리는 것을 더 좋아한다. 졸음을 쫓는 데는 수다만한 것이 없기 때문이다. 혼자서 달리다 졸음이 쏟아지면 크게 소리를 지르거나 노래를 부르기도 한다. 다만 밤길에 큰 소리를 내며 질주하는 자전거와 마주치는 사람은 깜짝 놀라 넘어질지도 모른다. 자전거를 탄 사람도 정말 부끄럽다.

졸음을 쫓는 방법에는 저마다의 개성이 녹아 있다. T씨와는 몇 차례 함께 부르베를 달렸는데, 한밤중에 뒤쪽에서 으드득거리는 소리가 나길래 무슨 일인가 싶어 돌아보았더니만, 그가 페트병을 입에 물고서 자근자근 씹고 있는 것이 아닌가. 그는 이 방법이 졸음을 쫓는 데 특효약이라고 설명했고, 나는 기가 막혀 한바탕 웃어버리고 말았다. 덕분에 졸음은 좀 가셨지만.

이런 정도는 약과다. 튜브에 들어 있는 연와사비를 핥으며 달리는 사람, 눈꺼풀에 맨소레담 같은 액상 파스를 바르는 사람 등 온갖 희한한 방법을 써가며 졸음을 쫓는다. 이쯤 되면 '전설'에 해당하는 수준이다.

실제로 400킬로미터가 넘는 부르베는 졸음과의 싸움이다. 충분히 빨라서 시간 여유가 있는 사람은 온천 랜드 같은 곳에서 느긋하게 한숨 잘 수도 있겠지만, 속도가 느린 사람은 길어야 몇 시간 정도밖에 자지 못하는 데다 잘 수 있는 장소의 선택지도 좁다. 결국 졸음과 싸우며 달려야 하는 것이다. 가장 졸린 시간대는 한밤중보다 다음날 오전, 즉 햇볕이 나서 조금 따뜻해질 무렵이다. 처음으로 600킬로미터를 달렸을 때, 자전거 위에서 잠이 들어 굴러떨어져버린 것도 바로 그 무렵이었다.

산간 지역에서 라이트가 꺼진다면 자기 손바닥도 보이지 않을 만큼 깜깜한 어둠 속을 달려야 할 수도 있다. 애초에 어둠이 내린 뒤에, 특히 새벽 2~3시에 자전거로 달리는 일은 몹시 드물다. 그런데 한 술 더 떠서 한밤중에, 인적조차 드문 변두리 지역을 달려야 하기 때문에, 내가 400킬로미터 이상의 부르베를 '어드벤처'라고 부르는 것이다.

400킬로미터 이상의 부르베에서는 2개 이상의 라이트를 의무적으로 장착하도록 규정하고 있다. 그것도 평소에 사용하는 라이트의 밝기로는 너무 어두워서 달릴 수 없고, 달린다 한들 속도가 크게 떨어진다. 그래서 최근 부르베 참가자의 다수는 성능이 상당히 개량된 LED 라이트를 사용하고 있다. 지난 수년 간 LED 라이트는 눈부신 발전을 거듭해서, 충분히 실용적인 밝기의 제품들이 속속 출시되고 있다. 단순히 밝기로만 따지자면 아직은 할로겐 쪽이 우위에 있지만, 할로겐은 알칼리 전지를 쓰더라도 연속 사용 시간이 3시간 정도에 불과하다. 한밤중에 달린다면 반드시 예비 전지를 준비해야 하는 것이다. 그에 비해 LED는 긴 시간 동안 충분한 광량을 유지할 수 있다.

부르베 참가자들은 규정된 2개의 라이트에 더하여 이정표나 지도를 보기 위해 헬멧에 라이트를 달기도 하고, 바퀴에 '허브 다이나모hub dynamo'라고 불리는 발전기를 부착하는 등 저마다 다양한 연구를 한다. 그래서 실제로 밤중에 이들의 자전거를 마주치면 "대체 저건 뭐야?" 하며 깜짝 놀랄 만큼 밝다. 가끔씩은 반대편에서 달려오는 자동차 운전자를 놀라게 해서 사고의 위험이 있지 않을까 싶을 정도다. 헬멧, 핸들 바, 앞바퀴에 각각 라이트를 달고 달려가는 자전거를 상상해보라. 3개의 라이트를 세로로 나란히 밝힌 채 휘황찬란한 자태를 뽐내는 '미확인 고속 이동 물체'라고 이름 붙여도 좋을 만한 모습이다.

부르베에 처음 입문한 사람들은 "라이트를 꼭 두 개나 장착해야 합니까?"라고 묻기도 한다. 그러나 부르베의 모든 규정은 "이 정도의 장비를 준비하지 않으면 제대로 달리기가 힘들 것"이라는 입장에서 최소한의 가이드라인을 제시하고 있는 것뿐이다. 그래서 베테랑 참가자들은 더욱 쾌적하고 빠르게 달릴 수 있는 방법을 꾸준히 연구한다. 부르베는 어차피 자신의 책임 하에 즐기는 놀이다. 초라한 광량의 라이트로 산 속에서 불안에 떨게 될 사람도 결국 자기 자신인 것이다.

라이트 외에, 반사지를 사용한 조끼와 타스키*도 의무적으로 착용하도록 되어 있다. 꼭 이렇게까지 해야 하느냐는 질문을 받기도 하는데, 실제로 트럭이 질주하는 심야의 도로를 달려보면 가시성을 최대한 높여 눈에 잘 띄도록 해야만 안전하게 달릴 수 있다는 사실을 깨닫게 될 것이다. 빛을 반사시키는 조끼와 타스키는 부르베 라이더의 트레이드마크 같은 존재다.

거리 감각을 잃어버린 사람들

다른 장거리 라이딩 이벤트나 센추리 런과는 달리 부르베에서는 중도에 포기하는 사람들의 수가 지극히 적다. 특히 400킬로미터 이상의 대회에서는 사고가 나지 않는

타스키 작업시 옷소매를 걷어 올려 맬 수 있게 한 끈.

한 중도에 포기하는 사람이 없다고 해도 과언이 아니다. 만약 포기하더라도 그 사람을 데려다줄 회송 차량 같은 것이 없기 때문이다. 큰 도로나 역 주변이라면 다른 교통수단을 이용해 돌아올 수도 있겠지만, 깊은 산속에서 힘에 겨워 포기를 선언해봐야 어차피 스스로의 힘으로 돌아와야 한다.

간단히 말해, 포기를 하든 말든 자력으로 돌아올 수밖에 없다는 이야기다. "계속 달려야 해"라는 굳은 다짐 때문만은 아닌 것이다. 물론 애초에 이 정도 거리를 달려보겠다고 결심한 사람이라면 일정한 수준에 올라 있기도 하겠지만.

내가 직접 경험한 것이기도 한데, 장거리 라이딩에는 '익숙함'이라는 요소가 크게 작용한다. 아무리 먼 거리라도 여러 번 달리다 보면 익숙해지는 것이다. 다리 힘도 늘고 노하우도 생겼기 때문이겠지만, 그보다는 "익숙해졌다"는 표현이 감각적으로 딱 어울린다. 이처럼 익숙해져버린 사람들은 '거리 감각을 잃어버린' 사람이라는, 칭찬인지 아닌지 약간은 모호한 호칭을 얻게 된다.

부르베의 세계에는 터무니없을 만큼 '거리 감각을 잃어버린' 사람들이 많다. 이제는 나에게도 200킬로미터나 300킬로미터를 달리는 이야기가 일상적인 것이 되었지만, 그런 사람들은 그것의 두 배가 넘는 거리에 대한 이야기도 아무렇지 않게 나눈다. 그들이 "상당히 멀다"고 하면 대개 네 자릿수의 거리를 말하는 것이다.

골든 위크*에 홋카이도에서 규슈까지 일본을 종단했다든가, 가와사키의 집에서 달리기 시작했는데 다리 상태가 좋아서 그대로 동해(일본해)까지 달려가버렸다든가, 심지어는 도쿄에서 고향인 하코다테까지 자전거를 타고 내려갔다가 돌아올 때는 비행기를 타려 했는데 마음이 바뀌어서 그냥 자전거로 돌아왔다든가 하는 이야기까지 들어봤다.

노리쿠라에서 열린 힐 클라임 대회에 출전하는 친구를 응원하려고 도쿄에서 자전거로 달려갔

골든 위크   일본에서는 4월 말부터 5월 초에 걸쳐 일주일가량을 내리 쉬는데, 이 시기를 골든 위크라고 부른다.

봉우리들이 계속해서 이어지는 야쓰가타케八ヶ岳를 바라보며
5월의 바람을 온몸으로 느꼈다.

다는 사람도 있고, 요코하마의 차이나타운에서 점심을 먹었다는 이야기인 줄 알았는데 알고 보니 고베의 남경 거리까지 자전거로 다녀왔다는 사람도 봤다. 그리고 홋카이도에서 열리는 200킬로미터 부르베에 참가하기 위해 도쿄에서 1,000킬로미터나 되는 거리를 자전거를 타고 갔다는 사람까지, 실로 어처구니없는 에피소드들이 많다.

맛있는 커피 한 잔을 마시기 위해 수백 킬로미터의 고속도로를 달린다는 이야기가 자동차나 오토바이를 주제로 한 만화나 소설 속에 가끔씩 등장하지만, 똑같은 일을 자전거로 하고 있는 사람들이 있는 것이다. 이쯤 되면 "거리 감각을 잃어버렸다"고밖에 표현할 길이 없다.

하지만 그들에게서 딱히 "도전한다"는 각오 같은 것이 눈에 띄지는 않는다. 날씨 좋은 날 자전거를 타다 보니 기분이 좋아져서 별 생각 없이 평소보다 멀리 달려버렸다, 딱 그런 느낌이다. 익숙해진다는 것은 정말 무섭다.

이런 식으로 쓰다 보니, 이 책을 읽는 독자들이 부르베를 마치 자신과는 거리가 먼 별세계의 일로 여기게 될까봐 걱정스럽다. 그러나 앞에서 예로 든 '월등하게 거리 감각을 잃어버린' 사람들만 달리고 있는 것은 아니다. 나를 포함해 대부분의 부르베 참가자들은 매우 평범한 사람들이다. 신기하게도 200킬로미터, 300킬로미터, 400킬로미터 같은 식으로 점점 거리를 늘려가다 보면, 끝까지 달린 뒤에도 여전히 100킬로미터쯤은 더 달릴 수 있을 것 같은 기분이 든다.

처음으로 400킬로미터를 달려보는 사람이라면, 자전거로 밤샘 체험을 한다는 신선함도 느낄 수 있을 것이다. 그리고 여기까지 왔다면 '초인'과 같은 실력은 아닐지라도 이미 600킬로미터까지도 완주할 수 있는 실력과 노하우를 가지고 있는 것이다. 그 다음에는? 그저 호기심에 이끌려 달릴 뿐이다. 나 역시 "600킬로미터를 달린 뒤에는 어떤 것들이 기다리고 있을까?" 하는 호기심 때문에 계속 달리지 않을 수 없었다.

600킬로미터를 완주해냈을 때, 나는 더

이상 필요하지 않을 만큼의 충분한 성취감을 맛보았다. 그러나 거기서 길이 끝날 리는 없다. 나는 아직 네 자릿 수의 세계를 모른다. 실력이야 부족하겠지만, "1,000킬 로미터 너머에는 무엇이 있을까?" 하는 호기심은 또다 시 나를 달리게 할 것이다.

부르베는 롤플레잉 게임이다

부르베는 라이딩 계획을 구상하거나 이것저것 장비를 준비하는 과정부터 상당히 재미있다.

부르베는 롤플레잉 게임RPG과 비슷한 부 분이 많다. 특히 일정한 거리를 달리면 그에 상응하는 메달을 받을 수 있다는 점이 그러하다. 그리고 200, 300, 400, 600킬로미터의 메달 네 개를 모두 갖추면 'SR 메 달'을 획득할 수 있다. 모든 롤플레잉 게임에 등장하기 마련인 '마지막 보스'는, 600킬로미터 코스에서 골인 지점을 100킬로미터 정도 남겨둔 채 만나는 2,000미터 높이의 언덕쯤 될까.

부르베의 메달은 주행 거리에 따라 색이 다르다. 가장 오른쪽에 있는 것은 SR 메달이다. 메달의 디자인은 PBP가 개최되는 4년마다 달라지는데, 위의 디자인은 2002~2006년의 것이다.

큐시트로 코스의 개요를 파악하고 지도를 펼쳐 확인한 뒤에 이러저러한 준비를 시작하면서부터 이미 부르베는 시작된 것이나 마찬가지다. 본격적인 게임에 뛰어들기 위해 아이템을 하나씩 확보해가는 과정과 같다. 처음에는 모든 물품을 든든하게 챙기지 않으면 불안한 마음이 들어 짐이 꽤 많아지지만, 몇 번 달리다 보면 나름의 노하우가 생겨서 꼭 필요한 장비만 준비하는 등 차츰 세련된 모습을 갖추게 된다.

　　　장비 역시 기성품만 구입하는 것은 아니다. 사소한 부품이라면 손수 만드는 사람도 있다. 자주 함께 달리는 K는 취미 삼아 개인용 선반을 갖고 있으며, 그 선반으로 알루미늄을 깎아 스스로 부품을 만들기도 한다. 핸들이나 프레임에 낯선 부품이 장착되어 있으면 대개 자신이 직접 만든 것이다.

이처럼 장비나 노하우에 큰 관심을 쏟는 것은 사내아이들 특유의 즐기는 방식인 것 같다. 만약 라이딩 중에 사고를 당하더라도 직접 만든 아이템 덕분에 무사할 수 있었다면, 오히려 사고조차 즐거운 일이 되는 것이다. 어린 시절에 읽어 나의 인격 형성에 커다란 영향을 끼쳤던 『엘마의 모험』이라는 동화에서는, 주인공이 미리 준비해둔 다양한 아이템을 이용해 곤란한 상황들을 모두 극복하고 붙잡혀 있던 용의 아이를 구출해내는데, 그것과 비슷하다고 할 수 있다.

자신만의 경험에 기초해 장비 또한 더욱 세련되게 변해간다. 정말 빠른 사람들, 어처구니없을 만큼 빠른 사람들은 대부분 믿을 수 없을 정도로 간단한 장비만을 준비한다. 솔직히 말해서 출발 지점에서 그런 사람들의 장비를 보면 깜짝 놀라게 된다. 내가 주말에 가벼운 마음으로 달리러 나갈 때와 비슷한 장비들(예비 튜브와 타이어 레버를 넣은 조그만 새들백 하나)로 400킬로미터 혹은 600킬로미터를 달리러 나선 것이다.

이런 사람들은 선잠 한 번 자지 않고 단번에 달리기 때문에, 최소한의 장비조차 갖추지 않은 것이다. 달리는 속도도 엄청나게 빠르다. 이들이 달리는 것을 직접 본다면, 수백 킬로미터를 달리고 있는 사람이라고는 도저히 믿을 수 없을 것이다. 빠른 속도로 달리다 실수로 코스에서 40킬로미터 정도를 벗어나버린 사람도 있었는데, 결과적으로 100킬로미터가량을 더 달렸다고 한다. 그런데 놀라운 것은 그럼에도 불구하고 제한시간 안에 골인했다는 사실이다. 이쯤 되면 전설에 나오는 초인들의 세계다.

이런 우스갯소리도 있다. 부르베를 몇 번 함께 달렸던 F가 골인한 뒤에 "밤중에 산 속에서 '헌팅' 당했어요"라고 말하는 것이다. 확실히 그는 인기가 많은 스타일이기는 하지만 한밤중에, 그것도 산속에서, 자신이 헌팅을 한 것도 아니고 당했다는 건 대체 무슨 소리란 말인가?

이야기를 좀 더 들어보았더니, 자동차를

타고 가던 두 명의 여성이 F를 발견하고는 "무슨 일이세요? 시내까지 모셔다드릴 테니 타세요"라며 말을 걸어왔단다. F는 "아니에요. 원래 이런 이벤트예요. 뒤에 더 많이 올 거예요"라고 대답했는데, 그들이 "무슨 벌칙 게임 같은 건가요?"라고 묻더라는 것이다.

한밤중에 인적이 없는 산속을 자전거로 달리는 모습이 마치 벌칙 게임을 하고 있는 것처럼 보인다는 것을 부정하지는 못하겠다. 하지만 이처럼 비일상적인 경험도 부르베에서만 만날 수 있는 특별한 재미다.

GPS라는 비장의 무기

'미스 코스miss course'는 말 그대로 코스에서 벗어나는 일을 말한다. 부르베에서 몇 번이나 미스 코스를 경험한 뒤에, 나는 휴대용 GPS를 사용하기 시작했다. 지금은 가민Garmin 사에서 출시한 제품을 쓰고 있다. 부르베 참가자들은 출발 지점에서 주요 포인트까지의 거리 및 각 포인트들 사이의 거리가 표시된 '큐시트', 그리고 주요 교차로의 '콤마 지도'* 등을 참조하며 달리게 되어 있다. 당연한 이야기지만 그 내용을 모조리 암기하는 것은 불가능하기 때문에, 참가자들은 달리는 도중에 끊임없이 큐시트를 확인해야만 한다.

그래서 큐시트를 촘촘히 구분해 일일 달력처럼 만들어서 핸들 바에 붙이는 등 다양한 방법을 고안하기도 하는데, 이게 좀처럼 생각대로 잘 되지는 않는다. 그럴 수밖에 없는 것이, 열심히 페달을 밟으며 달리다가 교차로를 만날 때마다 미터기로 거리를 확인하고 큐시트와 대조하는 것은 여간 익숙해지지 않는 한 매우 번거로운 일이기 때문이다.

그러다 실수로 교차로를 지나쳐서 다음 교차로에서 방향을 바꾸기라도 한다면, 길을 잘못 들었다는 사실을 알아차렸을 때는 이미 코스에서 한참 벗어난 후다. 언제나 제한 시간을 아슬아슬하게 맞추어 달리는 나 같은 사람에게는 미스 코스로 인한 시간 손실이 꽤나 마음 아프다. 아직 다리 힘이 남아 있음에도, 미스

콤마 지도 교차로나 분기점에서의 진행 방향을 알기 쉽게 표시한 지도.

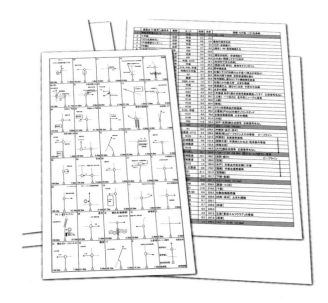

큐시트와 콤마 지도: 부르베에서는 사전에 배포되는 큐시트 (오른쪽)와 콤마 지도(왼쪽)를 살펴보며 주행 계획을 세운다.

코스 때문에 '타임아웃'이 되어버리면 괴롭고 억울할 뿐이다.

그래서 휴대용 GPS를 구입했다. 휴대용 GPS는 자신의 위치 정보를 기반으로 목적지의 방향을 알려주는 최소한의 기능만을 가진 제품에서부터, 지도 데이터를 내장하고 있어서 지도 위에 경로를 표시해주는 제품까지 다양하다. 상위 기종은 자동차의 내비게이션과 같은 수준의 기능을 갖고 있기도 하다. 출발하기 전에 코스 데이터를 몽땅 입력해두면 GPS의 경로 표시에 따라 달리기만 하면 되는 것이다.

무엇보다 지금 내가 어디에 있는지를 놓칠 걱정이 없다는 점에서 매우 든든하며, 나아가 컴퓨터 기능을 탑재한 기종들은 현재 속도로 달릴 때 각 포인트까지의 소요 시간과 최종 골인 지점의 도착 시간까지 계산해준다. 진정 부르베를 위한 '무기'인 것이다.

필자가 사용하는 휴대용 GPS: 600킬로미터 부르베를 달린 후의 상태다. 총 이동 시간은 30시간 29분, 평균 속도는 시속 19.8킬로미터였다. 휴식 시간을 포함한 평균 속도는 시속 16.3킬로미터였다.

달리고 난 뒤에도 주행 기록이 남기 때문에 "A고개는 이렇게 경사가 심했구나" 혹은 "후반에는 평지였는데도 속도가 꽤 떨어졌군, 녹초가 되었나봐"와 같이 자신의 주행을 복기하는 즐거움도 준다.

3년 전, 그러니까 내가 부르베를 처음 달리던 무렵에는 아직 GPS를 사용하는 사람이 드물었는데, 요즘은 그 비율이 상당히 높아졌다. 내 주변의 부르베 참가자들은 다들 '얼리 어답터'인 탓인지 대부분 GPS를 쓰고 있다. 그래서 그룹을 이루어 달릴 때 전원이 GPS를 가지고 있는 경우도 종종 있다. "어쩐지 쓸데없어 보인달까요, 아깝죠" 하며 함께 웃어 버린다. 요즘은 부르베 주최 측에서 인터넷 지도 서비스를 이용해 코스 데이터를 배포하기도 한다. 참가자들은 이를 다운로드해서 GPS에 집어넣기만 하면 된다. 이렇듯 최근 이 분야의 하드웨어 및 소프트웨어의 진화 속도는 빠른 편이다.

지도와 큐시트 그리고 미터기에 의지해 교차로에서 어느 방향으로 가야 할지를 고민하던 일도 나름 부르베만의 즐거움이지 않았을까 하는 생각도 든다. 하지만 나는 초기부터 GPS를 사용해 왔기 때문에 이와 같은 즐거움(과 괴로움)을 잘 알지는 못한다. 게다가 모든 '편리한 물건'들과 마찬가지로, 일단 편리함에 익숙해지면 쉽게 되돌아갈 수 없는 법이다.

그렇기 때문에 부르베에서 사용을 금지하지 않는 한, 나는 계속해서 GPS를 사용할 것 같다. 장거리 라이딩의 부담을 조금이라도 줄이기 위한 것이다. 물론 왠지 모르게 김이 샌 듯한 느낌도 틀림없이 있으리라.

어쩌면 인간이란 편리함과 맞바꾸기 위해 계속해서 무엇인가를 잃어가는 존재인 듯하다.

더 빨리, 그리고 더 멀리

주말마다 100킬로미터, 150킬로미터 정도의 거리를 달린다. 200킬로미터도 여러 번 달려보았다. 그리고 장거리 라이딩을 즐기게 되면서 해마다 센추리 런에 참가한다. 이만하면 나이 마흔을 넘겨 로드바이크를 타기 시작한 아저씨로서는 충분한 것인지도 모른다.

평소에 하는 운동이 있느냐는 질문을 받을 때, "로드바이크를 탑니다. 주말에 100킬로미터씩 달리고 있어요"라고 대답하면 대개의 사람들은 감탄한다. 이 정도에 머물렀어도 충분히 즐거웠을 것이다.

하지만 나는 좀 더 멀리까지 달려보고 싶었고, 그래서 부르베에 참가했다.

왜였느냐고?

로드바이크를 타기 전에는 생각조차 해보지 못했던 100킬로미터, 200킬로미터라는 거리를 나 자신의 힘만으로 달렸을 때의 감동. 처음으로 300킬로미터를 완주했을 때의 "스스로의 한계를 뛰어넘었다"는 느낌. 그리고 완전히 다른 차원의 세계라고 할 수 있는, 초장거리 라이딩 부르베의 세계로. 이 모든 것이 나라는 존재의 가능성을 재발견하는 일의 연속이었다. 그 과정에서 보고 느끼고 경험한 바는 모두 내 마음속에 남아있다.

"나를 안다"라고 하면 어쩐지 구도자 같은

이런 풍경 속을 언젠가 꼭 달리고 싶었다. 오키나와의 코우리 섬에서.

기분이 들긴 하지만, 나는 장거리 라이딩이 자기 자신을 알아가는 과정이라고 생각한다. "그렇게 먼 거리는 달릴 수 없다"고 지레 포기해버리면 아무것도 얻을 수 없다. "그 정도쯤이야 간단히 달릴 수 있어"라고 너무 가볍게 생각해버려도 달리는 도중에 문제가 발생할 수 있다. 깊은 산속에서 혹은 노을빛을 받아 빛나는 전원의 풍광 앞에서 깊이 감동하고, 경험에 기초해 필요한 장비들을 준비한 덕분에 큰 사고를 피할 수 있었던, 그러한 과정들이 쌓이고 쌓여 나를 먼 곳으로 이끌어주었다. 그리고 아직은 좀 더 멀리까지 갈 수 있을 것 같다.

인간은 본능적으로 이동을 추구하고, 그것을 즐기며, 그것에서 쾌감을 얻는다고 한다. 그런데 내 생각에는, 이동 과정에서의 육체적인 감각이 강하면 강할수록 그 쾌감이 더욱 커지는 것이 아닐까 싶다. 다른 종류의 탈것으로 이동할 때보다는, 자신의 육체를 직접적으로 사용하는 이동에서 더 커다란 쾌감을 얻는 것이다.

이동하는 거리나 속도도 관련이 있을 것이다. "더 멀리, 더 빨리" 갈수록 쾌감은 더욱 높아진다.

요컨대 자신의 다리로 페달을 밟아서 수백 킬로미터의 거리를 바람처럼 달려가는 것, 이것이야말로 인간에게 최고의 쾌감을 선사하는 '이동'이 아닐까?

마지막 장에서는 장거리 라이딩만이 아니라, 로드바이크를 즐기는 다양한 방법에 대해 소개하고자 한다.

제5장

자전거는 마음의 날개다

로드바이크에 빠진 사람들

로드바이크를 좋아하는 사람들 중에는 이공계 출신이 은근히 많은 것 같다. 물론 내 주변에 이공계 사람들이 많기 때문에 그렇게 추측하는 것일 뿐, 별다른 근거는 없다. 나라는 사람은 철저한 문과 스타일의 인간이지만······.

어떤 스포츠에서든 최고 수준에 오르기 위해서는 과학적 트레이닝이 필수적이다. 자전거 역시 마찬가지다. 하지만 취미로 즐기는 아마추어 레이서 중에도 데이터에 기초한 트레이닝을 하고 있는 사람들이 적지 않다.

자전거나 라이더의 몸에 부착한 센서를 통해 최고 속도와 평균 속도는 물론이고, 주행 중 다리 회전수, 심박 수, 페달을 밟는 힘의 세기와 좌우 균형 등을 간단하게 측정할 수 있다. 자전거라는 '기계'를 사용하는 스포츠인 까닭에, 취미로 즐기는 사람들조차 주행과 관련된 모든 데이터를 수치로 파악할 수 있는 것이다. 하지만 나는 문과 출신이라서 그런지 데이터의 수집과 해석, 그에 기반한 트레이닝이라는 방식이 너무나 이공계적인 접근법처럼 느껴진다.

　　　무라카미 하루키의 최근 작품 중에 자전거에 대해 언급한 부분이 있다고 해서 흥미롭게 읽어보았다.

　　　무라카미는 작가이면서 마라토너이고, 동시에 트라이애슬론(철인 3종 경기)에도 출전하는 선수다. 그런데 트라이애슬론의 종목들 가운데 사이클이 가장 많은 신경이 쓰인다고 한다. 우선 수영, 마라톤과 달리 자전거라는 도구가 필요하고, 신발이나 헬멧 같은 것들도 챙겨야 하며, 유지 보수까지 해주어야 하기 때문이란다. 심지어 달리는 중에도 기어를 조작하고 속도를 체크하며 틈틈이 수분 공급도 해야 한다. 순전히 몸 하나만으로 풀 마라톤이나 그 이상의 거리(무라카미는 100킬

우연히 알게 된 299번 국도를 타고 킨챠쿠다를 지나 쇼마루 고개를 넘어서 치치부로 향하던 길.

로미터 마라톤도 완주한 적이 있다)를 달리는 사람들에게 자전거의 인터페이스를 익히는 것은 꽤나 답답하고 귀찮은 일일 것이다. 그는 이러한 과정들을 쉬지 않고 이어가는 것이 마치 고문과도 같다고 말한다.

하지만 투르 드 프랑스 7연패의 위업을 이룬 랜스 암스트롱은 원래 트라이애슬론 선수였다가 로드 레이스로 전향한 경우다. 그는 매우 뛰어난 트라이애슬론 선수였지만 로드 레이스에서 자신의 새로운 가능성을 발견해냈고, 결국 미국에서는 마이너 스포츠라고 할 수 있는 로드 레이스의 세계로 뛰어들었다. (암스트롱 역시 풀 마라톤에 몇 차례 출전하여 서브스리sub three*로 완주한 바 있다.)

그런데 랜스 암스트롱은 무라카미와 달리 로드바이크를 포함해 자신이 사용하는 모든 장비의 개량에 직접 관여하고 있으며, 풍동실험風洞實驗 등 과학적 트레이닝을 도입하는 데에도 적극적이다. 이 두 사람을 비교하는 것이 약간은 억지스러울 수도 있지만, 로드바

서브스리 마라톤에서 풀코스를 3시간 이내에 완주하는 것.

이크에 빠져드는 사람들의 성향에 대한 힌트가 여기에
조금 숨어 있는 것 같다.

　　　　　로드바이크를 타는 사람 중에는 모든 것
을 전문점에 맡겨버리고 자신은 그저 타고 다니기만 하
는 사람들도 있지만, 일체의 유지 보수를 스스로 하고
부품 교환까지도 자기 손으로 해치우는 사람들이 적지
않다. 로드바이크를 타는 모든 사람들이 기계를 좋아하
는 것은 아니겠지만, 내 주변에서 웬만한 실력을 갖춘
사람들은 그러한 경우가 많다.
　　　　　로드바이크는 매우 심플한 구성으로 이루
어져 있기 때문에, 단 몇 개의 6각 렌치만으로 거의 모
든 부품을 분리해낼 수 있다. 개별 부품들을 분해하는
일도 정말 쉽다. 싸구려 부품은 대충 만들고 비싼 부품
은 정교하게 만드는 일도 없다. 로드바이크 부품의 가격
차이는 정밀도과 재료(무게와 내구성)의 차이에서 비롯
될 뿐이다. 잘 모르는 사람들은 기겁할 만큼 가격이 비
싼 것도 있지만, 이는 평범한 생활 자전거와 비교할 때
의 상대적인 느낌에 지나지 않는다. 자동차나 오토바이

의 부품과 비교하면 오히려 미미한 금액이다.

그래서인지 로드바이크를 타는 사람들은 부품 교체를 자주 하는 편이다. 핸들이나 안장을 교체하고, 바퀴의 휠을 바꾸는 등의 간단한 교환은 흔히 있는 일이다. 카본 소재의 부품으로 바꾸어 무게를 수백 그램 줄이고, 휠의 베어링을 세라믹 소재로 교체하여 회전을 부드럽게 하고, 특수 배합된 오일을 사용하여 체인의 동작을 더 원활하게 하는 등, 보통 사람들의 생각으로는 좀처럼 이해하기 어려운 곳에 돈과 노력을 쏟아 붓는 사람들이 적지 않다.

예를 들어 세계 최대의 자전거 부품 제조사인 시마노 사의 로드바이크용 부품 라인업을 살펴보면, 레이스 입문용인 105 시리즈 브레이크 세트의 정가는 8,925엔이지만, 최고 등급인 듀라에이스 시리즈는 2만 5,410엔이나 한다. 무게는 전자가 359그램, 후자가 314그램으로 큰 차이가 나지 않지만 제동력과 손의 감각은 꽤 다르다.

경량화를 최대 목표로 삼고 있는 사람이라면 제로 그라비티라는 경량 부품 전문 제조사를 알고 있을 것이다. 이 회사의 티탄 브레이크 세트는 시마노 105의 여섯 배, 듀라에이스의 두 배가 넘는 5만 7,750엔 이며, 무게는 200그램에 불과하다. 실제로 들어보면 충격적일 만큼 가볍다. 하지만 일반적인 시각에서 보면 고작 100~150그램을 줄이기 위해 그 정도의 돈을 기꺼이 지불하는 태도를 이해하기 힘들 것이다.

"로드바이크는 장비 대여료, 장소 사용료, 교통비가 따로 들지 않으니까 처음에 필요한 것들을 한꺼번에 장만해두면 더 이상 크게 돈 들어갈 일이 없는 스포츠다." 확실하게 옳은 말이다. 하지만 종종 '부품에 대한 집착'이라는 덫에 걸려드는 사람들이 적지 않다. 기꺼이 이러한 덫에 걸려드는 사람들도 있을 것이다. 주행 데이터를 세세하게 분석하다 보면 "A 부품의 무게를 이만큼 가볍게 하면 전체 주행 시간이 B초 이상 단축된다"는 시뮬레이션을 얻을 수 있기 때문이다. 다만 실제로 적용해보았을 때 예상한 만큼의 시간이 단축되는 경우는 극히 드문 일이지만 말이다.

마라톤이라면 복장과 신발 외에는 달리는 도중에 마시는 음료수 정도가 필요한 물품의 모든 것이라고 말할 수 있겠지만, 로드바이크의 세계는 일단 발을 들여놓으면 수렁에 빠져든다고 해도 과언이 아닐 만큼 다양한 아이템들이 즐비해 있다.

　나는 업무를 위해 매킨토시 컴퓨터를 사용하고 있는데, 이 녀석은 인간이 가진 능력과 가능성을 크게 넓혀주는 도구라는 점에서 로드바이크와 비슷한 성격을 갖고 있다. 지금은 일반적인 개인용 컴퓨터들도 사용자의 용도와 환경에 맞추어 '커스터마이징customizing' 할 수 있는 범위가 꽤 늘어났지만, 매킨토시는 내가 사용하기 시작했던 1990년대 초부터 이미 그러한 기능을 제공하고 있었다. 내가 쓰기 편한 방식으로, 그리고 내가 좋아하는 방식으로 커스터마이징 할수록 나와 매킨토시의 일체감은 더욱 커진다. 그런데 이것은 부품을 교체하고, 높이와 위치를 조정하고, 다리 힘에 맞게 기어 비를 조절함으로써 내 몸과 로드바이크의 일체감을 높이는 과정과 매우 흡사하다. 게다가 양쪽 모두 사용 방법이 극히 감각적이다. 다른 사람들이 보기에 약간 '마이너리티' 한 존재라는 점도 서로 닮아 있는 것 같다.

　단언하기는 어렵지만, 경향적으로 보면

특정한 물건에 집착하는 사람, 또는 자신만의 것으로 만들어가는 일련의 과정을 좋아하는 사람들이 로드바이크를 즐겨 타는 것 같다.

언덕을 좋아하냐고요.?

자전거를 즐겨 타는 사람들을 마조히스트라고 부르기도 한다. 그런데 자전거를 타지 않는 사람들보다는 자전거를 타는 사람들이 이렇게 말하는 경우가 많다. 마조히스트라는 말을 듣고 어떤 기분이 들지는 모르겠지만(기분이 좋아진다면 진정한 마조히스트일 것이다), 부정할 수 없는 측면도 분명히 있다. 가장 상징적인 사례가 바로 언덕 오르기를 좋아하는 사람들의 존재다. 자전거를 타는 사람들 중에는 진심으로 언덕 오르는 것을 즐긴다는 사람들이 꽤 있다.

　　　나의 자전거 친구들 중에 가장 언덕을 좋아하는 사람으로는 부르베에 함께 참가한 적이 있는 Z를 꼽을 수 있다. 그는 힐 클라임 레이스(언덕을 가장 빠

야마나시 현의 18번 지방 도로. 사계절의 풍광이 모두 아름다워
서 필자가 무척 좋아하는 길이다.

르게 오르는 사람을 가리는 경주)에서 여러 차례 입상한 적이 있는 언덕의 강자다. 그에게 "왜 언덕을 좋아하느냐?"고 물었더니, "괴로움을 지속시키는 것이 즐거우니까"라는 다소 철학적인(?) 대답이 돌아왔다. 평지에서는 괴롭다고 느낄 만큼 자신을 몰아세우며 달리는 것이 쉽지 않지만, 언덕을 오르는 일은 그 자체로 괴로움을 느낄 수 있기 때문이라는 것이다.

"몇 킬로미터를 달려야지" 혹은 "시속 몇 킬로미터 이상의 속도로 달려야지"와 같은 목표는 자신의 의지에 따라 언제든 "이 정도면 됐어" 하고 적당히 타협할 수 있다. 괴로움을 지속시키기가 어려운 것이다. 하지만 "A 고개를 올라봐야지" 같은 목표는 '모 아니면 도'에 가깝다. 게다가 정상에 오르면 가슴 벅찬 성취감도 맛볼 수 있다. 괴로움에 상응하는 보답이 분명히 주어지는 것이다.

이처럼 괴로움과 성취감을 되풀이할 수 있었던 것이 언덕 오르기를 좋아하게 된 이유인 것 같다는 Z. 일리가 있다. 다만 지금의 그에게 괴로움을 제공해줄 만한 언덕이 거의 남아있지 않다는 게 문제일 뿐이다. 상식적인 수준을 넘어서는 경사길이나 산길이라면 모를까…….

　　　"나는 언덕 오르기를 좋아하는 걸까?" 하고 자문해본다. "싫다고 잘라 말하기는 어렵지만 그렇다고 좋아한다고도 할 수 없다"는, 다소 미묘한 결론이다. "달리려고 마음먹은 코스에 언덕이 있다면, 받아들이고 올라간다"는 정도가 가장 솔직한 표현일 것이다. 일부러 언덕이 있는 코스만을 찾아서 달리지는 않지만, 언덕이 있다고 해서 우회하지도 않는다.

　　　장거리 라이딩은 평탄한 길만 계속 이어져도 재미가 떨어진다. 오르막이 있으면 내리막도 있고, 순풍이 불면 역풍도 부는 법이다. 이른 아침 피부에 차갑게 와 닿는 바람도 있고, 오후에 쏟아지는 따뜻한 햇살도 있다. 스스로의 다리 힘만으로 이러한 자연의 변화를 느끼며 수백 킬로미터를 달릴 수 있다는 것이 즐겁다. 언덕 오르기도 그 일부다. 순풍만 받으며 평탄하기만 한 길을 수백 킬로미터 달려보아야 지루할 뿐이다.

　　　그런데 진정으로 언덕을 좋아하는 사람들

은 "언덕이 있으면 받아들인다"와는 전혀 다른 태도로 언덕을 오른다. 그런 사람들은 오직 '언덕을 오르기 위해' 언덕이 있는 곳이면 어디든 달려간다. 언덕이야말로 그들의 목적지인 셈이다.

최근 수년간 힐 클라임 레이스는 큰 인기를 끌고 있어서 규모가 큰 대회에는 수천 명의 참가자들이 모여든다. 주행 속도가 느려서 사고도 잘 나지 않기 때문에 상대적으로 안전하게 즐길 수 있는 스포츠로 정착했다는 느낌이다. 자전거 경량화 마니아들도 "이때다" 하는 생각에 극단적으로 경량화한 자신의 자전거를 들고 나타난다. 그들은 수준별, 종목별로 나뉘어 오로지 언덕만을 오른다. 모두가 단지 언덕을 오르기 위해 모여든 것이다.

장거리 라이딩에서 만나는 언덕들은 다 오른 뒤에 반드시 내리막이라는 보상이 기다리고 있다. 정상에 오르면 정확히 올라온 만큼의 내리막길을 날아갈 듯 기분 좋게 내려갈 수 있는 것이다. 그러나 힐 클라임 레이스에서는 언덕을 다 오른 뒤에도 방금 올랐던 길을 거꾸로 느릿느릿 내려갈 뿐이다. "뭐가 즐거울까" 하는 의문이 들지만, 참가자들은 한결 같이 웃음을 머금고 "힘들었지만 즐거웠다"고 말한다. 하긴 부르베에서 수백 킬로미터를 달리고 난 다음에도 모두가 똑같이 말했다. 성취감, 그리고 괴로움으로부터의 해방감. 이러한 것들이야말로 자전거의 가장 본질적인 즐거움 중 하나일지도 모르겠다.

　　　로드 레이스의 세계에는 '산악 스페셜리스트'로 불리는, 언덕 오르기에 압도적으로 강한 선수들이 있다. 심지어 평지나 골 스프린트에서의 속도가 평균 또는 그 이하라고 해도, 그들은 커다란 사랑과 존경을 받는다. 언덕이야말로 한 인간의 육체적 능력을 가장 선명하게 확인할 수 있는 장소이기 때문이다. 다른 선수들과는 차원이 다른 속도로 언덕을 달려 오르는 그들의 모습은 로드 레이스 팬들을 열광시킨다. 산악 스테이지에서의 압도적인 주행은 레이스의 꽃이며, 산악 스테이지에서 선수들의 순위가 극적인 변화를 보이는 것은 로드 레이스의 주요한 관전 포인트 중 하나다.

　　　우리처럼 평범한 실력을 가진 사람들 사

이에서도 언덕 오르기에 특별히 강한 사람들은 존경을 받는다. 오르기에 강한 사람이 진짜 '강한 사람'으로 인정받는 것이다. 그런 사람들은 나란히 달리다가도 언덕을 만나면 순식간에 다른 사람들을 제치고 앞서 나간다. 특별히 다른 사람을 떼어놓기 위해 속도를 높이는 것이 아니라, 단지 언덕에서도 속도가 줄어들지 않는 것뿐이다. 내가 숨이 턱에 가득 차서 헉헉거리며 올라야 하는 길을 가뿐하게 넘어가버리는 뒷모습은 솔직히 샘이 나기도 하지만 더없이 멋있는 장면이다. 언덕을 잘 오르는 능력은 자전거를 타는 모든 사람들에게 영원한 소망일 것이다.

나도 자전거를 처음 타던 무렵보다는 훨씬 언덕을 잘 오르게 되었다. 그러나 언덕을 오르는 일이 고역이라는 사실은 여전히 변함이 없다. 하지만 어째서인지 인간은 일단 잘 오르게 되면 이전에 겪었던 괴로움을 쉽게 잊어버리는 것 같다. 그래서 더욱 경사가 심한 언덕을 오르려 하고, 또다시 괴로움을 맛보는 것이다. 결국 끝없는 반복이다.

게다가 언덕 오르기에 어느 정도 능숙해

지면 "더 빠르게 오르고 싶다"는 욕심도 스멀스멀 솟아난다. 자신에게 알맞은 페이스로 무던히 오를 수 있던 언덕도 "빨리 오른다"는 목표를 갖는 순간 전혀 다른 언덕이 된다. 결국은 어찌해도 "언덕은 괴롭다"는 결론이 난다. 하지만 그런 생각을 하면서도 다시 언덕을 오른다. 역시 자전거를 좋아하는 사람들은 마조히스트인 걸까?

여담이지만, 만약 투르 드 오키나와의 본도 일주 330킬로미터 코스를 하루에 주파하는 이벤트가 있다면 오래전부터 참가해보고 싶었다. 코스 전체의 고도 차, 난이도 등을 감안하면 주행 시간은 총 18~24시간이 될 것이다. 아침에 나고에서 출발하면 야간 주행 구간은 남부의 시가지가 될 것이므로 달리기에 수월할 것이다. 다만 이처럼 총 주행 시간이 24시간이 넘어서 야간 주행 시간이 긴 이벤트의 경우에는, 부르베와 같이 '모든 것이 참가자 책임'이라면 문제가 없겠지만 주최 측이 어느 정도 책임을 져야 하는 상업 이벤트로 만들어지기는 어려울 것이다. 그럼에도 하루에 일주한다는 개

념은 무척 매력적이다.

힐 클라임과 부르베를 제외하면 참가자들을 고생시키는 자전거 이벤트는 딱히 많지 않다. 하지만 자전거 이벤트는 고생스러우면 고생스러울수록 참가자들을 더욱 매료시킨다. 가볍게 달릴 수 있는 이벤트라면 굳이 먼 곳까지 찾아가서 달리고 싶다는 동기를 부여하기가 쉽지 않은 까닭이다. 일부러 먼 곳까지 괴로움을 찾아다닐 정도이니, 자전거를 타는 사람들이 얼마간 마조히즘적인 사고방식을 갖고 있는 것은 분명한 것 같다.

여성들이여 로드바이크를 타자

요즘 내 주변에는 로드바이크를 타는 여성들이 상당히 많아졌다. 사이클링 이벤트에서 참가자들의 면면을 둘러봐도 여성의 수가 몇 년 전에 비해 꽤 늘었음을 느낀다. 자전거 도로에서도 로드바이크를 타는 여성이 자주 보이고, 여성들끼리 그룹을 이루어 달리는 경우도 눈에 띈다.

남자친구가 함께 타자고 권해서 시작하게 되었다는 사람들도 많지만, 출퇴근용으로 자전거를 구입했다가 자전거의 즐거움에 눈뜨게 되고 결국 로드바이크까지 사버렸다는 사람들도 적지 않다. 애초부터 달리기의 즐거움에는 남녀의 차이가 없는 법이다. 제조사들은 여성의 키와 다리 힘을 고려한 '레이디스 모델'을 따로 생산하기 시작했고, 여성용으로 제작된 사이클링 웨어도 해를 거듭할수록 점차 모양새를 갖춰가고 있다.

여성들이 자전거를 타려 할 때 가장 신경 쓰는 것은 무엇보다 "다리가 굵어지지 않을까?" 하는 고민일 것이다. 그러나 이는 커다란 오해다. 앞에서도 썼지만, 로드바이크를 타는 사람들은 거의 대부분 몸매가 날씬하다. (슬림한 사람들만 탄다는 것이 아니라, 타면서 모두 슬림해진다는 뜻이다.) 특히 장거리 라이딩을 하는 사람들은 모두 탄력 있고 아름다운 다리를 가지고 있다. 다리가 굵어진다는 오해는 아마도 경륜 선수나 트랙 경기 같은 단거리 자전거 선수의 체형에서 비롯되었을 것이다.

육상에서도 단거리 선수는 터질 듯한 근

▌라이딩 이벤트에서 그룹의 선두를 달리고 있는 필자의 아내.

육질의 다리를 갖고 있지만, 마라톤과 같은 장거리 종목 선수들의 다리는 전혀 그렇지 않다. 장거리 라이딩을 적절하게 즐기는 사람들은 몸 전체의 체지방률이 낮아짐과 동시에 다리의 불필요한 지방도 줄어들어 예쁘고 매끈한 각선미를 갖게 된다. 물론 체지방률이 극단적으로 낮아지면 근육의 형체가 도드라져서 약간 불거진 다리 모양이 되지만, 이는 한 달에 1,000킬로미터 이상을 달리는 사람들에게 해당되는 이야기다.

여성은 남성에 비해 상대적으로 체구가

작고 힘도 부족해서 로드바이크에 어울리지 않을 것 같지만, 오히려 실제로는 믿을 수 없을 만큼 빠른 경우가 많다. 특히 오르막에서라면 체중이 가볍다는 여성의 장점이 더욱 도드라진다. 숨이 끊어질듯 힘겹게 언덕을 오르고 있는 다부진 체격의 남성 옆을, 가냘픈 체구의 여성이 가뿐하게 앞질러 나가는 모습은 사이클링 이벤트에서 흔히 볼 수 있는 장면이다.

다리가 굵어지는 것 외에 여성들이 신경 쓰는 또 하나의 문제는 햇볕에 피부가 그을리는 것이다. 맑은 날 장거리 라이딩을 하는 것은 하루 종일 일광욕을 하는 것과 같기 때문에, 이 문제에 대한 해결책은 남성들에게도 절대적으로 필요하다. 로드바이크를 타는 사람들을 자세히 살펴보면, 팔은 까맣지만 장갑을 끼고 있어서 손은 하얗고, 다리도 레이서 팬츠 아래부터 발목까지만 그을려 있다. 모르는 사람들이 본다면 조금은 특이한 태닝이라고 생각할 수도 있다. 특히 넓적다리 중간쯤에 생기는 태닝 라인은 미니스커트를 입는 여성들이 주의해야 할 점이다. 햇볕에 타는 것을 피하려면, 통기성이 좋아서 여름에도 덥지 않은 자외선 차단 소재의 긴소

매 저지 등을 입는 것이 좋다.

수가 꾸준히 늘어나고 있기는 하지만, 여전히 로드바이크를 타는 여성은 전체적으로 소수에 불과하다. 하지만 바로 소수인 까닭에 팀이나 동호회에 참여하면 그야말로 대환영이다. 유지 보수나 정비처럼 입문자에게 조금 까다로운 일들도 주변에서 서로 도와주려고 나설 것이다. 공주님 같은 기분을 맛볼 수 있는 것이다.

물론 이런 기분에 계속해서 취해 있기만 한다면 언젠가는 귀찮은 존재가 되어버릴 수도 있다. 하지만 적어도 입문하는 단계라면 이것저것 다양한 정보와 기술을 손쉽게 배울 수 있는 기회임에 틀림없다. 당분간은 이런 기회가 이어질 것이니, 여성분들, 자전거를 시작하려면 바로 이때를 놓치지 마시라!

사랑을 키워주는 자전거

내 아내는 그다지 빠르지도, 다리 힘이 특별히 강하지도 않지만, 자신의 페이스로 꾸준히 달리면 하루에 150~200킬로미터 정도는 달릴 수 있다. 그리고 주변에도 장거리 라이딩을 즐기는 커플들이 꽤 있다.

나와 부르베를 함께 달렸던 Z 부부는 나란히 600킬로미터 부르베를 완주해낸, 슈퍼급 장거리 라이딩 부부다. 내 아내는 언제나 나와 함께 장거리 라이딩을 하지만, Z의 부인은 혼자서도 용감히 수백 킬로미터의 코스를 달리곤 한다. 내가 투르 드 오키나와로 끌어들였던 S 커플도 그 후 결혼하여 자전거를 함께 타는 부부가 되었다. 부부가 같은 취미를 갖는다는 것은 멋진 일이다. 게다가 함께 즐길 수 있는 스포츠라면 더할 나위가 없다.

남자 입장에서는 나름의 고충도 있다. 유지 보수나 정비를 직접 할 수 있는 여성이 드물기 때문이다. 우리 부부의 경우도 윤행을 할 때 자전거를 분해하고 조립하는 일은 전적으로 내 몫이다. 다른 커플들도 많은 경우 남성이 자기 것과 파트너의 것, 이렇게 두 대의 자전거를 함께 돌보아야 한다. 그러나 파트너와 함께 달리는 것은 이처럼 사소한 귀찮음을 감수할 만한 가치가 충분하다. 함께 달리고, 같은 풍경을 바라보고, 같은 경험을 공유하는 것은 두 사람의 관계를 더욱 깊고 친밀하게 만들어주기 때문이다.

자전거로 함께 달리는 것은 부부 생활과 많은 점에서 닮아 있다. 앞에 서는 사람이 바람막이가 되어 뒤에 있는 사람의 부담을 덜어준다. 피로가 몰려오면 때때로 바람막이 역할을 교대할 수도 있다. 하지만 아무리 지쳐도 로프로 묶어 끌어당겨줄 수는 없는 일이다. 어디까지나 자신의 다리로 페달을 밟아야 한다. 비가 쏟아지면 두 사람 모두 흠뻑 젖는다.

아내와 함께 떠난 자전거 여행에서 흙과 모래가 뒤섞여 내리는 비를 맞닥뜨린 적도 있고, 해가 진 뒤 칠흑같이 깜깜해진 산길을 추위에 벌벌 떨며 달리기도 했다. 한여름 찌는 듯한 더위에 숨이 턱턱 막혀 금방이라도 쓰러질 것 같던 경험도 여러 번 있었고, 가파른 언덕길에서 우는 소리도 많이 해봤다. 하지만 아내를 달래고 어르며 간신히 올라선 언덕의 정상에서 함께 내려다보았던 풍경의 벅찬 아름다움을 그녀도 모두 기억하고 있을 것이다.

만약 장거리 라이딩의 즐거움에 눈을 떴다면, 당신이 본 풍경, 당신이 느낀 공기, 당신이 달린 길에 대해 당신의 아내나 여자 친구에게 조금씩 풀어내 보는 것은 어떨까? 당신의 생생한 경험담은 그녀들의 마음속에 새로운 불을 지필 것이다.

혼자서만 즐겨왔던 자전거의 세계를 파트너와 함께 공유한다면 둘만의 새로운 세계가 펼쳐질 것이다. 다만 그녀가 자전거에 대해 더 많이 알게 될수록, 몰래 교체했던 부품의 가격이 들통 날 위험도 커진다는 사실을 잊지 말기를!

중년의 로드 레이서!

장거리 라이딩의 실력을 어느 정도 쌓았다면 로드 레이스에도 한 번 도전해보는 것이 어떨까? 무엇보다, 레이스는 재미있다. 솔직히 말해 레이스의 진정한 재미를 자신 있게 이야기할 만큼 충분한 경험은 없다. 하지만 "아무래도 레이스와는 인연이 없는 것 같다"고 생각했던 내가 어째서 레이스에 참가해보겠다고 결심하게 되었는지, 레이스에서 무엇을 느끼고 무엇을 즐겼는지에 대해 간략하게나마 적어보려고 한다. 자전거를 통해 얻을 수 있는 또 다른 종류의 즐거움을 전하고 싶기 때문이다.

'레이스'라고 하면 20~30대가 주로 참가할 것 같지만, 실제로는 40대 취미 레이서들이 상당한 비율을 차지하고 있으며 50~60대 분들도 꽤 있다. 물론 레이스와 장거리 라이딩을 병행하는 사람도 많다. 믹시의 커뮤니티나 장거리 라이딩 이벤트에서 만나 친해진 내 동년배들이 레이스에도 열심히 참가하고 있다는 사실에 한두 번 놀란 것이 아니다. 그들이 레이스와 장거리 라이딩 중에서 딱히 어느 한쪽을 더 선호하지는 않는 듯했다. 양쪽 다 자전거를 타고 즐기는 '놀이'일 뿐인 것이다.

거칠게 분류하자면, 레이스에는 매스트 스타트 로드 레이스massed start road race(개인 도로 경주)와 내구 레이스endurance race가 있다. 매스트 레이스는 모든 참가자들이 같은 출발선에서 일제히 출발하여 순위를 다투고, 내구 레이스는 정해진 시간 안에 코스를 몇 바퀴 돌았는지를 겨룬다. 최근에는 내구 레이스의 인기가 높은 편이라서, 츠쿠바나 스즈카의 서킷에서 열리는 레이스에는 수백 개의 팀, 수천 명의 사람들이 몰려든다. 그리고 몇 사람씩 팀을 이루어 4시간 또는 8시간의 제한 시간 동안 교대로 코스를 달리게 된다.

진지하게 상위 입상을 노리는 팀은 교대 스케줄을 면밀히 세우고 최선을 다해 달리지만, 대부분의 참가자들은 마음 맞는 자전거 친구들과 왁자지껄하게 수다를 떨면서 자전거 삼매경에 빠진 채 하루를 즐기기 위해 달린다. 개회식과 상장 수여식, 스타트와 골인도 신선한 재미를 더한 연출로 달아오른다. 축하 공연이 준비되거나 프로 선수를 게스트로 초청해서 함께 달리는 경우도 있다. 스폰서가 제공하는 상품과 기념품도 풍성해서, 가히 자전거를 타는 사람들의 축제라고 할 만하다.

또한 레이스가 서킷에서 진행되기 때문에, 노면 상태가 좋고 경주로의 폭도 넓어서 일반적인 도로 주행에 비해 달리기도 수월하다. 다만 참가자들의 실력이 천차만별이고 경험과 노하우의 차이도 크기 때문에 나름의 주의는 필요하다. (이런 레이스에서는 로드 바이크만이 아니라 MTB와 크로스바이크 등이 뒤섞여 달리는 경우도 많다.)

　　　나도 종종 믹시 커뮤니티의 회원들과 함께 내구 레이스에 참가한다. 내가 즐겨 찾는 스포츠 클럽의 운영진들도 팀을 이루어 참가하고 있다. 이런 식으로 자전거 친구들끼리의 횡적인 연결고리를 크게 넓힐 수 있는 기회도 된다. 특히 내구 레이스에서는 선수 교대를 위한 대기 시간에 바비큐를 구우며 즐거운 시간을 보낼 수도 있다.

　　　매스트 레이스는 아마추어 최고 수준을 자랑하는 실업단 레이스를 필두로 해서 JCRC, 바이크나비 등 여러 단체가 주관하는 대회들이 있고, 지방 자치 단체나 그 밖의 비영리 단체들이 주관하는 일회성의 대회들도 있다. 이 레이스에서는 (격투기 종목의 체급처럼) 참가자들을 몇 개의 그룹으로 나누어 비슷한 실력을 가진 사람들끼리 우열을 겨루도록 하기 때문에, 그 열기가 내구 레이스보다 훨씬 뜨겁다. (그렇다고 살벌한 분위기까지는 아니다.) 일회성 레이스에서는 입문자, 숙련자의 두 그룹으로만 나누고, 종종 그룹 구분을 아예 하지 않는 경우도 있다.

사실 내가 레이스에 참가하기로 결심하게 된 것은 매년 참가해온 투르 드 오키나와 때문이었다. 본도 일주 센추리 라이드는 매우 즐거운 이벤트였지만, 어느덧 3, 4년째가 되니 이틀 동안 330킬로미터를 달리는 정도로는 더 이상 도전의 느낌을 가질 수 없었던 것이다. 부르베 또한 친구들과 주변 풍경을 보면서 느긋하게 달리는 즐거움이 있었지만, 600킬로미터까지 완주하고 난 뒤에는 거리가 아닌 새로운 목표를 찾고 싶었다.

물론 이전부터 로드 레이스는 꽤 챙겨 보았다. 일본 내에서 열리는 대규모 레이스 중에서는 '재팬 컵', '투어 오브 재팬', '투르 드 홋카이도'를 직접 관전했고, 해외의 빅 레이스들은 이미 로드바이크를 타기 전에도 〈J SPORTS〉 채널 등을 통해 TV로 가끔 보곤 했다. 그래서 '보는 스포츠'로서 로드 레이스가 주는 즐거움은 잘 알고 있었지만, 내가 직접 레이스에 참가한다는 생각은 꿈에도 해본 적이 없었다. 레이스에 참가할 만한 다리 힘이 있다고 생각하지도 않았고, 사고가 나거나 다치게 될까봐 무섭기도 했다. 게다가 초긴장 상태에서 많은 사람들과 바글거리며 자전거를 타는 것은 어쩐지 성미에 맞지 않는다고 생각했다.

나뿐만 아니라 로드바이크를 타는 사람들은 거의가 "다른 사람과 경쟁할 마음이 없다"고 말한다. 처음에는 나도 그랬다. 하지만 솔직히 말해 경쟁을 두려워했던 것 같다. 상대도 되지 않는 실력으로 레이스에 참가하다니, 착각도 그런 착각이 없는 것 같았다. 꼴사나운 모습을 보이지 않을까 걱정스러웠고, 무엇보다 다른 사람과의 경쟁에서 지고 난 뒤의 나 자신을 마주하는 것이 두려웠다.

하지만 오랜 고민 끝에 결국 투르 드 오키나와의 시민 80킬로미터 레이스에 참가하게 되었다. 130킬로미터와 200킬로미터 레이스도 있었지만, 나에게는 아직 무리라고 생각했다. 더 짧은 50킬로미터 레이스는 코스가 평탄해서 상당히 빠른 속도로 달려야 하는 부담이 있었다. 80킬로미터야말로 내가 달릴 수 있는 유일한 레이스처럼 보였다.

처음 참가했을 때는 본도 일주 센추리 라이드도 달리고 싶다고 욕심을 부려서, 토요일은 본도 일주에 참가하고 일요일은 레이스를 뛰려고 했다. 그러나 200킬로미터 가까이 달리고 난 다음날 곧바로 레이스에 참가할 만큼의 실력이 되지 못한다는 사실만 뼈저리게 인정해야 했다. 결국 어처구니없게도 절반 정도의 지점에서 실격! 하지만 그 와중에도 한 가지 생각이 반짝이듯 떠올랐다. "이거, 상당히 재밌잖아!"

이듬해에는 권토중래라도 해야 했지만 어쩌다 보니 턱없이 부족한 연습량으로 참가할 수밖에 없있다. 다행히 여러 조건들이 좋아서 꼴찌에서 몇 번째이기는 했지만 완주해냈다. 앞서 이야기했지만, 투르 드 오키나와는 '취미 레이서의 고시엔'으로 불리는 대회여서, 이 대회를 목표로 열심히 연습한 취미 레이서들이 전국에서 모여든다. 그 레이서들의 명단 맨 끝 부분에나마 내 이름을 올릴 수 있었다는 사실이 그저 뿌듯했다. 본도 일주에 처음 참가했을 때 몇 번이나 멈추면서 겨우 올랐던 언덕투성이 코스를, 이제는 레이스로 달리고 있

가고시마에 위치한 아마미 쿄라우미 공방. 주변과 동떨어진 듯
한 아름다운 공간이다.

다는 점도 감개무량했다.

40대 중반의 내가 감히 로드 레이스에 참가한다는 것은 단 한 번도 생각해보지 못한 일이었다. 젊은 시절 막연히 상상해보았던 '중년의 내 모습'과도 전혀 다르다.

여전히 "레이스를 뛴다"고 말할 만한 수준에는 미치지 못하지만, 레이스를 달리는 도중에 온몸을 휘감는 고양감과 골인의 순간 가슴속에서 무언가 활활 타오르는 것 같은 느낌에 대해 조금이나마 알게 되었다. 이런 느낌은 일상을 살아가며 쉽게 맛볼 수 없는 것이고, 부르베 등의 장거리 라이딩 이벤트에서 얻을 수 있는 기쁨과도 전혀 다른 종류의 것이다.

장거리 라이딩 이벤트의 가치관은 "완주자는 모두 똑같이 대우 받는다"는 것이다. 하지만 레이스는 다르다. 빨리 달리는 것이 목적이며, '순위'라는 결과도 존재한다. 이 때문에 또 다른 재미가 있는 것이다. 어느 쪽이 더 좋다고 이러쿵저러쿵 평하고 싶지는 않다. 다만 서로 다른 두 개의 가치관이 있을 뿐이니까.

당신이 설령 레이스 같은 것과는 인연이

없다고 생각하는 사람이더라도, 한 번쯤은 속는 셈 치고 도전해보기를. 레이스가 시작되기 전의 심리적인 압박감, 출발선에서의 팽팽한 긴장감, 출발을 알리는 총소리와 함께 한꺼번에 솟구치는 아드레날린, 거리의 응원 소리……. 참가자라면 누구나 이러한 '레이스의 흥분'을 느낄 수 있고, 순위와 상관없이 그것만으로도 충분히 즐겁다. 그리고 이러한 경험은 당신의 마음속에 하나의 새로운 깃발을 세워줄 것이다.

로드바이크는 "그렇게 먼 곳까지는 달릴 수 없을 거야"라고 생각하던 나를 저 멀리까지 이끌어주었다. 그리고 "레이스를 달릴 수 있을 리가 없잖아"라고 생각하던 나를 또 하나의 새로운 놀이의 세계로 데려가주었다. 로드바이크는 마음의 날개다. 이 날개로 날아올라, 좀 더 먼 곳까지 계속 달려가고 싶다.

마지막까지 읽어주셔서 감사합니다.

　　　이 책을 통해 로드바이크를 타고 달리는 즐거움과 장거리 라이딩이 가져다주는 재미를 전하려고 했는데, 과연 얼마나 잘해냈을지 후기를 쓰고 있는 지금까지도 불안한 마음입니다. 제가 수백 킬로미터에 이르는 거리를 달리며 경험하고, 느끼고, 또 마음에 새긴 것들을 가능한 있는 그대로 말씀드리려 했습니다. 저의 이러한 뜻이 이 책을 읽는 분들께 전달되었다면 굉장히 기쁠 것입니다. 그리고 당신이 책을 다 읽고 나서 "자전거로 어딘가 멀리 가보고 싶다"는 생각을 하게 된다면, 저자로서 그 이상의 기쁨과 보람은 없을 것입니다.

　　　저를 오쿠타마로 데려갔던 최초의 장거리

라이딩 동지 'S씨' 이자 그래픽 디자이너인 소마 아키히로 씨가 일본어판의 디자인을 맡아주었습니다. 저의 첫 책인 동시에 장거리 라이딩의 이야기를 담고 있는 이 책의 디자인은 소마 씨 외에는 해내실 분이 없으리라 생각합니다. 그리고 이 책을 쓸 수 있는 기회를 제공해주신 가와데쇼보신샤河出書房新社의 하쓰카노 다케시 씨, 글 쓰는 속도가 더딘 저의 원고를 꾹 참고 기다려주신 데 감사드립니다.

　　　마지막으로 프리랜서 편집자로서 이 책의 탄생에 기여했으며, 저의 첫 번째 자전거 동지이자 인생의 파트너인 나의 아내에게 감사의 인사를 전하고 싶습니다.

　　　이 책을 읽어주신 모든 분들과 어딘가 '먼 곳'에서 다시 만날 수 있기를 기대합니다.

요네즈 가즈노리

우리나라의 주요 자전거 동호회 및 라이딩 이벤트

도싸 (전국 도로싸이클 라이딩 연합)

http://corearoadbike.com/

국내의 가장 대표적인 로드바이크 동호회. 2009년 7
월 현재 서울, 경기, 경남, 경북, 충청, 전라, 강원/제
주에 지부를 두고 있으며, 3만여 명의 회원이 참여하
고 있다. 380킬로미터 서울~목포 투어를 비롯해 다
양한 지역별, 코스별 라이딩 이벤트를 개최하고 있으
며, 회원들 간의 자유로운 장거리 라이딩 모임도 자주
열린다.

자출사 (자전거로 출퇴근하는 사람들)

http://cafe.naver.com/bikecity/

국내 최대 규모의 자전거 동호회. 자전거 출퇴근에 관

한 정보 교환 및 일상적인 자전거 이용의 활성화라는 목표를 갖고 있다. 다양한 지역별, 코스별 소모임이 갖춰져 있으며, 출퇴근 코스, 자전거 구입 및 라이딩 요령, 수리와 정비 노하우 등에 대한 막대한 양의 정보가 축적되어 있다. 2009년 7월 현재 27만여 명의 회원이 참여하고 있다.

자여사 (자전거로 여행하는 사람들)

http://cafe.naver.com/biketravelers/

자전거 여행의 정보와 지식을 공유하기 위한 동호회. 국내외 자전거 여행의 코스와 노하우, 회원들이 직접 쓴 여행기 등의 정보를 얻을 수 있으며, 자전거 여행을 함께 떠날 길벗도 찾을 수 있다. 2009년 7월 현재 6만여 명의 회원이 참여하고 있다.

발바리 (두 발과 두 바퀴로 다니는 떼거리)

http://bike.jinbo.net/

"자전거는 환경오염으로 죽어가는 도시를 살리는 대안적인 녹색 교통이며, 도심에서 홀로 자전거를 타면 위험하지만 무리지어 달리면 안전하다"는 메시지를 전하기 위한 자전거 단체다. 한 달에 한 번씩 서울, 부산, 수원, 춘천 등 주요 도시에서 '떼거리 잔차질' 이벤트를 갖고 있다.

대한민국 자전거 축전

http://festival.tourdekorea.or.kr/

2007년에 시작된 투르 드 코리아의 '스페셜 경주' 가 2009년부터 '대한민국 자전거 축전'으로 거듭났다. 사이클 선수와 동호인이 함께 참여하며, 2009년에는 서울-인천-춘천-청주-대전-전주-광주-목포-진주-창원을 잇는 849킬로미터의 초장거리 라이딩 이벤트로 개최되었다.

서울을 기준으로 100, 200, 300킬로미터 거리의 동심원

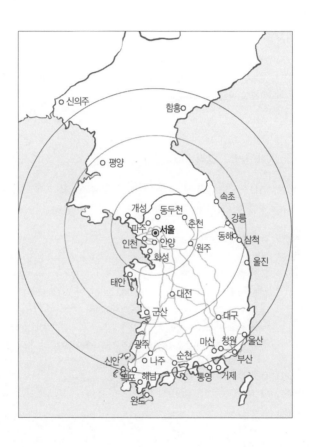

요네즈 가즈노리

　　1959년 도쿄에서 태어났다. 42살에 투르 드 오키나와에 참가하면
　　서 자전거의 세계에 눈을 떴다. 부르베에서 200, 300, 400, 600킬
　　로미터를 차례로 달려 SR 인증을 받았다. 연간 주행 거리는 약
　　8,000킬로미터. 웹사이트 제작 회사의 대표이며, 〈자전거로 멀리
　　가고 싶다〉라는 인터넷 커뮤니티를 운영하고 있다.

신영희

　　서울대학교 동양사학과를 졸업하고, 대학원에서 일본 현대사를
　　공부했다. 옮긴 책으로 『발해국 흥망사』, 『웹 심리학』(공역) 등이
　　있다. rabbiyang@gmail.com

자전거로 멀리 가고 싶다

　2009년 7월 15일(초판 1쇄)

지은이　요네즈 가즈노리
옮긴이　신영희
펴낸곳　도서 출판 미지북스
　　　　서울 마포구 서교동 332-20번지 402호(우편 번호 121-836)
　　　　전화 070-7533-1848　전송 02-713-1848
　　　　mizibooks@naver.com
　　　　출판 등록 2008년 2월 13일 제313-2008-000029호

　編輯　김형규
일러스트　이지혜
마케팅　이지열
　　출력　경운출력
인쇄 제본　영신사

　　　ISBN 978-89-961455-8-5　00980
　　　값 9,800원